逆风飞翔

DISC+ 借势成长突围

程不困　安吉小丽娜　王小芳 ◆ 主编

华中科技大学出版社
http://press.hust.edu.cn
中国·武汉

图书在版编目(CIP)数据

逆风飞翔:借势成长突围 /程不困,安吉小丽娜,王小芳主编.—武汉:华中科技大学出版社,2023.3
ISBN 978-7-5680-9200-5

Ⅰ.①逆… Ⅱ.①程…②安…③王… Ⅲ.①成功心理-通俗读物 Ⅳ.①B848.4-49

中国国家版本馆 CIP 数据核字(2023)第 025039 号

逆风飞翔:借势成长突围　　　　　　　　　　　　　　　程不困　安吉小丽娜　王小芳　主编
Nifeng Feixiang:Jieshi Chengzhang Tuwei

策划编辑：沈　柳
责任编辑：康　艳
装帧设计：琥珀视觉
责任校对：刘小雨
责任监印：朱　玢
出版发行：华中科技大学出版社(中国·武汉)　　　电　话：(027)81321913
　　　　　武汉市东湖新技术开发区华工科技园　　　邮　编：430223
录　　排：武汉蓝色匠心图文设计有限公司
印　　刷：湖北新华印务有限公司
开　　本：710mm×1000mm　1/16
印　　张：14.25
字　　数：210 千字
版　　次：2023 年 3 月第 1 版第 1 次印刷
定　　价：48.00 元

本书若有印装质量问题，请向出版社营销中心调换
全国免费服务热线：400-6679-118　　竭诚为您服务
版权所有　侵权必究

DISC 理论解说 ······ 001

第一章　播种：春风化雨，润物无声 ······ 011

你是你解决问题的总和 ······ 刘汝楠 / 014
北美留学归来，在成己达人中，找到解决问题的最佳方案。

以我微光，逐梦星海 ······ 张展华 / 021
18年4次创业，半路出家做教育的二胎妈妈，如何完成人生逆袭？

舞台表演，从来不是表达的终极奥义 ······ 林　靖 / 029
高光时刻毅然离职，只为用真诚的表达，传递真实的力量！

家庭教育，"慧爱"才是真的爱 ······ 刘　峰 / 037
紧密家庭关系，升维教育理念，培养优秀"牛娃"，一次游戏就够了！

进化是生命最大的成就和回报 …………………… 一 叶 / 044

我们不能选择命运，但可以选择用自我进化来改变命运！

第二章　萌芽：勇敢表达，影响无界 …………… 051

你的语言的边界，就是你的世界的边界 …… 五　顿 / 054

从不敢站在人群中心，到站在舞台之上大声表达，人生边界从此拓展。

讲书，开启人生新篇章 …………………… 胡小滨 / 064

现实多烦扰，书中路千条，让人生永远年轻的秘诀，你值得一试！

商业路演，其实很简单 …………………… 清　墟 / 073

从一上台就紧张忘词的"小白"，升级为商业路演教练，秘诀只有四点。

跃迁重生，销售人生也可以如此精彩 ……… 大　雷 / 081

从销售菜鸟到增长顾问，每一次闯关破局，都有不同的精彩！

不知不觉达成销售的秘诀 ………………… 张嫣君 / 089

靠聊天就能聊成销售冠军？满分好评的一对一销售秘诀就在这里！

第三章　破土：借势破局，成长无疆 …………… 095

先活下来？不，我做到了活得更好 ……… 墨梅厂长 / 098

一年逆风翻盘，转型为私域增长操盘手，你相信吗？

私域创富，五步快速启动私域流量 ……… 李海申 / 106

8个月积累数十万活跃用户，资深操盘手告诉你，获取流量没那么难！

人生那么美好，不要把时间浪费在无谓的弯路上
不二/ 113

从最年轻的国际集团高级经理，到培养更多高潜人才，我靠的不是运气。

普通人如何写好人生的赢字？
陈利娟/ 121

中专小护士逆袭成 HR 发光体，活出赢的人生！

职场人成长三部曲
李颖敏/ 129

左手事业，右手家庭，成为职场"吸铁石"，战胜挫折，逆风翻盘。

用创新构建职业的安全网和加速器
鄢茹郡/ 137

是等待 100 年获得顿悟，还是用创新工具 15 分钟解决问题，你的选择是什么？

第四章　向阳：人生有光，梦想无价　143

灵魂有火的姑娘，终会活出自己的精彩
徐小仙/ 146

从小城姑娘华丽变身留洋青年女作家，她用灵魂的火，照亮前行的路！

前方有光，一路随行
玛格丽/ 153

接灯、传灯、点灯，原来生命中最闪亮的一束光，来自让他人发光！

追寻信念的光
姚焱峰/ 161

辗转 8 年，终成大状，为正义、梦想而坚持的人自有万丈光芒！

让每个人的心里都升起彩虹
苏星宁/ 168

2 万多个小时的用心陪伴，让她拥有升起人们心中彩虹的力量。

痛苦，是光照进来的地方 ················ 陈 思 / 176

将痛苦的伤痕画成成长的花纹，我们这样走出阴霾，让生命发光。

第五章 绽放：财富跃迁，增值无限 ·············· 181

游牧民逐水草而居 ················ 胭脂王 / 184

财富翻番，命运翻盘，有时候不过源自一次不经意的好奇。

我的电商逆袭故事 ················ 宋雅玮 / 192

风口期平息，红利期过去，成就头部电商也有底层逻辑！

澳门风云，不变赤子初心 ············ 澳门吴财爷 / 199

从赌场经理，到为过亿元资产保驾护航的境外保险代理人，赤子情怀终未改。

"北漂"20年，我在努力奔跑和为他人"撑伞" ··········
················ 彤管家 / 207

贫寒、辍学、"北漂"……因为爱，我选择一路逆袭，带更多人穿越风雨！

成就他人，圆满自己 ················ 贺珍珍 / 214

保险从业10余年，回归起点再出发，用专业、诚信、爱为你保驾护航。

DISC 理论解说

本书的理论依据来自美国心理学家威廉·莫尔顿·马斯顿博士在 1928 年出版的 *The Emotion of Normal People*。他在书中提出：情绪是运动意识的一个复杂个体，它由分别代表运动神经本性和运动神经刺激的两种精神粒子传出冲动组成。这两种精神粒子的能量通过联合或对抗形成四个节点，这四个节点是通过以下两个维度来划分的。

一个是，环境于"我"是敌对的还是友好的。如果对方呈现敌对的状态，大多数情况下，"我"更关注任务层面，很少和他人交流个人感受；如果对方呈现友好的状态，"我"常常倾向于先建立良好的人际关系。简单来讲，就是关注事还是关注人。

一个是，对方比"我"强，还是比"我"弱。如果"我"强，"我"就会用指令的方式，呈现主动出击的状态；如果"我"弱，"我"就会用征询的方式，呈现被动逃避的状态。简单来讲，就是直接（主动）还是间接（被动）。

维度一：关注事/关注人。

换句话来说，就是任务导向，还是人际导向。如果是任务导向，大多谈论的是事情本身，面部表情会比较严肃；如果是人际导向，大多就谈论人，面部表情会比较放松。也可以用温度计作比，关注事的人，温度会比较低一点；关注人的人，温度会比较高一点。

那么在企业里，是关注人好，还是关注事情好呢？如果只关注事情，团队里就不会有凝聚力，企业很难长时间存续；如果只关注人，团队就不会有业绩，企业就不能做大做强。所以，在一个团队里，如果我们不能做到既关注人，又关注事情，那最好是要有关注人的人，也要有关注事情的人，就是要做到"打配合，做组合"。

维度二：直接(主动)/间接(被动)。

换句话来说，主动就是直接，讲话单刀直入，表现出强大的气场、节奏很快、果断、有激情；被动就是间接，讲话委婉含蓄，表现得比较随和、小心谨慎、安静而保守。

究竟是直接好，还是间接好呢？答案是：从他人的角度出发。如果对方是直接的，就用直接的方式；如果对方是间接的，就用间接的方式。与人沟通的时候，用对方喜欢的方式对待他，往往容易得到想要的结果。

根据这两个维度就可以把人大致分为 D、I、S、C 四种特质。

关注事、直接：D 特质。

关注人、直接：I 特质。

关注人、间接：S 特质。

关注事、间接：C 特质。

D 特质——指挥者

D 是英文 Dominance 的首写字母，单词本义是支配。指挥者目标明确，反应迅速，并且有一种不达目的誓不罢休的斗志。

注重结果,目标导向	高瞻远瞩,目光远大	有全局观,抓大放小	不畏困难,迎接挑战
精力旺盛,永不疲倦	意志坚定,越挫越勇	工作第一,施压于人	强硬严厉,批评性强
脾气暴躁,缺乏耐心	控制欲强,操控他人	自我中心,忽略他人	不善体谅,毫无包容

处世策略:准备……开火……瞄准!

驱动力:实际的成果。

特点识别:

形象——常常穿着干练、代表权威的服饰,比如职业装;因为时间观念很强,喜欢戴大手表;很少佩戴首饰,不太关注头发等细节。

表情——很严肃,甚至严厉,笑容很少;目光犀利,眼神笃定,不怕直视对方。

动作——很有力量,能鼓舞人;说话快、做事快、走路也快。

说话——音量大、高亢,语气坚定、果断。

面对压力时:

对抗而不是逃避,会变得更加独断,更加强调控制权,比平时更关注问题;对于那些优柔寡断、行动缓慢的人,尤其没耐心。

希望别人:回答直接、拿出成果。

代表人物:董明珠。

董明珠是格力董事长、商界女强人,她的霸气众人皆知。曾有同行这样形容她:"她走过的路,寸草不生!"

I 特质——影响者

I 是英文 Influence 的首写字母,单词本义是影响。影响者热爱交际、幽默风趣,可以称作"人来疯"和"自来熟"。

善于交际,喜欢交友	才思敏捷,善于表达	幽默生动,充满乐趣	别出心裁,有创造力
善于激励,有感染力	积极开朗,追求快乐	口无遮拦,缺少分寸	不切实际,耽于空想
情绪波动,忽上忽下	丢三落四,杂乱粗心	缺乏自控,讨厌束缚	畏惧压力,不能坚持

处世策略:准备……瞄准……开火!

驱动力:社会认同。

特点识别:

形象——喜欢色彩鲜艳的衣服,关注时尚;喜欢层层叠叠的穿衣方式、夸张的佩饰、独特的发型。他们会把自己打扮得光鲜亮丽,吸引他人的眼球。

表情——丰富生动、爱笑。

动作——很多肢体语言,动作很大,比较夸张;喜欢身体接触。

说话——音量大、语调抑扬顿挫、戏剧化。

面对压力时:

第一反应是对抗,比如口出恶言,他们试图用自己的情绪和感受来控制局势。有时候给人不舒服的感觉。

希望别人:优先考虑、给予声望。

代表人物:黄渤。

黄渤幽默风趣,很会调动气氛。在日常演讲和交际中常常面带微笑,非常容易感染别人;他的演技也得到广大观众的认可和喜爱,在娱乐圈,拥有好人缘。

S 特质——支持者

S 是英文 Steadiness 的首写字母,单词本义是稳健。他们喜好和平、迁就他人,凡事以他人为先。

善于聆听,极具耐心	天性友善,擅长合作	化解矛盾,避免冲突	关心他人,有同理心
镇定自若,处事不惊	先人后己,谦让他人	惯性思维,拒绝改变	迁就他人,压抑自己
自信匮乏,没有主见	行动迟缓,慢慢腾腾	害怕冲突,没有原则	羞于拒绝,很怕惹祸

处世策略:准备……准备……准备……

驱动力:内在品行。

特点识别:

形象——服饰以舒适为主,没有特点就是最大的特点,不想成为焦点。

表情——常常面带微笑,安静和善、含蓄,让人觉得容易亲近。

动作——动作不多,做事慢,习惯不慌不忙。

说话——音量小、温柔，语调比较轻，一般不太主动表达自己的情绪。

面对压力时：

犹豫不决。他们最在意的是安全感，害怕失去保障，不愿冒险，更喜欢按部就班地按照既定的程序做事情。

希望别人： 作出保证，且尽量不改变。

代表人物： 雷军。

小米的创始人雷军，笑容可掬，很有亲和力。有一次，他去一个新的办公地点，因为没有戴工牌，所以保安不让他进。雷军很有绅士风度地跟那个保安说："我姓雷。"谁知道保安不买账，对他说："我管你姓什么，没有工牌就是不能进。"雷军无奈，只好打电话给公司的行政主管，让主管下来接自己。

C 特质——思考者

处世策略：准备……瞄准……瞄准……

C 是英文 Compliance 的首写字母，单词本义是服从。他们讲究条理、追求卓越，总是希望明天的自己能比今天的自己更好。

条分缕析,有条有理	关注细节,追求卓越	低调内敛,甘居幕后	坚韧执着,尽忠职守
善于分析,发现问题	完美主义,一丝不苟	喜好批评,挑剔他人	迟疑等待,错失机会
专注细节,因小失大	要求苛刻,压抑紧张	死板固执,不会变通	忧郁孤僻,情绪负面

处世策略： 准备……瞄准……瞄准……

驱动力： 把事做好。

特点识别：

形象——常常穿着整洁、简单的服饰,很少佩戴首饰,形象专业。

表情——很严肃,甚至严厉,笑容很少;目光犀利,眼神笃定,不怕直视对方。

动作——很有力量,能鼓舞人。

说话——语调平稳,音量不大。

面对压力时：

忧虑、钻牛角尖;做决定时,比较谨慎,喜欢三思而后行。

希望别人:提供完整详细的资料。

代表人物:乔布斯。

乔布斯对于审美有着近乎苛刻的追求,对设计的完美有着变态的挑剔。苹果产品如此受欢迎正是得益于乔布斯的 C 特质。据说,他曾要求一位设计师在设计新型笔记本电脑时,外表不能看到一颗螺丝。

经过 90 年的发展,马斯顿博士提出的 DISC 理论在内涵和外延上都发生了巨大的变化。利用 DISC 行为分析方法,可以了解个体的心理特征、行为风格、沟通方式、激励因素、优势与局限性、潜在能力等等。也可以将 DISC 行为分析方法广泛应用于现代企业对人才的选、用、育、留。

DISC + 社群联合创始人、知名培训师和性格分析标杆人物李海峰老师,深度研究 DISC 近 20 年,并在 2018 年与肖琦和郭强翻译了《常人之情绪》。他提出,学习 DISC 有三个假设前提：

每个人身上都有 D、I、S、C,只是比例不一样而已。所以,每个人的行为和反应会有所不同。

有些人 D 特质比较明显,目标明确、反应迅速;有些人 I 特质比较明显,热爱交际、幽默风趣;有些人 S 特质比较明显,喜好和平、迁就他人;有些人 C 特质比较明显,讲究条理、追求卓越。每个人身上并不是只有一种特质。当我们遇到问题的时候,想一想:凡事必有四种解决方案。

D、I、S、C 四种特质没有好坏对错之分,都是人的特点。用好了就是优点,用错了就是缺点。

有人觉得 D 特质的人太强势,但他们可以给世界带来希望;有人觉得 I 特质的人话太多,但他们可以给世界带来欢乐;有人觉得 S 特质的人太保守,但他们可以给世界带来和平;有人觉得 C 特质的人太挑剔,但他们可以给世界带来智慧。

懂得了这点,我们就有能力把任何缺点变成特点,可以向对方传递"我懂你"的态度,这样可以拉近彼此的距离。

D、I、S、C 可以调整和改变。一个人的行为风格可以调整和改变吗?其实,我们每天都在改变。

当我们不注意的时候,惯用的行为模式就会悄悄显露。比如,在面对 D 特质的老板时,我们可能更多使用 S 特质来回应;在面对不愿意写作业的孩子时,我们可能使用 D 特质来应对。其实在与他人互动的时候,我们的行为已经在调整和改变。重要的不是 D、I、S、C 哪种特质,而是如何使用每一种特质。

过去我们是谁,不重要;重要的是,未来我们可以成为谁。只要有意识地调整,我们每一个人都可以成为自己想成为的样子。

学习 DISC 有三个阶段。

第一阶段:贴标签。通过对他人行为的观察,基本可以识别对方哪种特质比较突出。

第二阶段:撕名牌。每个人在不同的情境下,有可能呈现不同的特质。

第三阶段：变形记。需要的时候，我们可以随时调整自己，呈现当下所需要的特质。遇到事情的时候，也要记得提醒自己：凡事必有四种解决方案。

我们常说：职场如战场。其实这句话有问题。战场上，我们面对的都是敌人；职场上，我们需要学会与人合作。

成熟的职场人士关注两个维度：事情有没有做好，关系有没有变得更好。DISC 就是这样一个可以帮助我们有效提升办事效率、提升人际敏感度的工具，一个值得我们一辈子利用的工具。

第一章

播种：
春风化雨，润物无声

刘汝楠

DISC+讲师认证项目A16期毕业生
留学&职业生涯咨询顾问
美国IECA独立教育顾问协会成员
美国大学招生咨询协会（NACAC）会员

扫码加好友

刘汝楠 BESTdisc 行为特征分析报告
ID 型
3级　私人压力　行为风格差异等级

 DISC+社群合集

报告日期：2022年09月05日
测评用时：04分16秒（建议用时：8分钟）

BESTdisc曲线

自然状态下的刘汝楠

工作场景中的刘汝楠
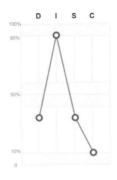

刘汝楠在压力下的行为变化
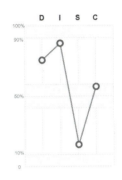

D-Dominance(掌控支配型)　I-Influence(社交影响型)　S-Steadiness(稳健支持型)　C-Compliance(谨慎分析型)

　　刘汝楠活泼外向，乐观积极，热情洋溢，充满活力和魅力。她善于人际交往，能通过传递美妙愿景和蓝图来说服和影响别人。她是团队中的能量源，经常有创新的想法和独到的见解，能够通过鼓舞激励他人，来凝聚周围的伙伴共同为一个目标而快速行动起来。

第一章　播种：春风化雨，润物无声

你是你解决问题的总和

北美留学归来，在成己达人中，找到解决问题的最佳方案。

片尾字幕滚动，我再次看了一遍最喜欢的电影《心灵捕手》。

它告诉我，成功不在于你得到了什么，而在于你寻找自我，找到并且去接纳自己最真实的样子。我喜欢且从事的职业咨询顾问在我看来就是"心灵捕手"，去支持别人不断寻找自我，发现自己的无限可能。

回想过去的十年，我是如何走上留学和职业生涯咨询的这条路呢？

那就要从我的美国留学生活说起。

留学的意义

你相信吗？一位异国教授，只因为简简单单的师生关系，花了整整三个月时间，费尽精力和资源，为她素昧平生的学生找到一份实习工作。这个故事听起来太过美好，但这真真实实在我身上发生，这位教授就是我的教育启蒙者——教育实践家 Dr. Waldrop。

2011 年，我前往美国研读教育技术学。作为学校少有的该专业的中国留学生,拿着学生签证F1去寻求当地中学实习任教的机会实属不易,我也曾对于以后是否进入教育业摇摆不定。可教授用她的行动潜移默化,诠释了什么是对学生不求回报的付出和奉献。

找到实习工作不是故事的终点,在我第一天实习前,她甚至开车带我买了一套职业套装。在我走进办公室前的一刻,她为我打气:"相信相信的力量。"那种扑面而来的仪式感,像一种宣誓,让使命感充满我的全身,它甚至贯穿了我日后从事教育的始终。

虽然直到现在,我都不知为何那般幸运,能遇见Dr. Waldrop那样温暖无私、去成就他人的教育者,但我知道的是,我要成为她那样的人,学习并传承她无私奉献和倾其所有去成人达己的心境和胸怀。

在美国的日子是一段难忘的经历,我曾在当年全美排名第十八的私立学校St. Andrew's Episcopal School任教,也曾在公立中学Brandon Middle School实习;我曾作为世界语言课程的教师,也教授过talent students(有天赋的学生)。在帮助这些学生最大限度地打开视野的同时,我自己的思维方式和与学生的相处能力也不断受到锤打历练。

我在一门倾注心血的世界探险课程中,教会了初中的学生如何系统性做调研、如何具有创造性和如何具有敏锐的外界探知能力,这些技能使得最后学生们的期末作品异彩纷呈,令人赞叹不已。

在教授高中学生Mandarin 5的时候,我也会跟金发碧眼的孩子们聊聊大学和未来发展。我发现,支持一群花样年华的孩子跨越世界文化去寻找自我,是一件极度有挑战但是很有意义和成就感的事情,这也成为我坚定走上留学咨询这条路的原因之一。

于是,我回到中国,继续潜心国际教育行业。中西文化的融会贯通,也使得我对留学咨询有一番独到的见解,拥有一套自成体系的全人视角去评估学生和引导学生自我探索的方法。

"新竹高于旧竹枝,全凭老干为扶持。明年再有新生者,十丈龙孙绕凤池。"这是我看待自己与学生之间关系的写照。

我曾遇到这样一位学生,他家境优越,但玩世不恭,成绩落后,人也孤独,被其他科目的老师敬而远之。我有一次和这位学生促膝长谈,抱着接纳的心态和他建立话题,了解他玩世不恭背后的故事,我认真地倾听和理解他,全然不带评判地接纳他,打心眼儿里地支持他的所思所想,直到他敞开心扉:"我不清楚出国这条路背后是什么,可能只是父母想踹开我。我无所谓出不出去。"

听到这里,我开始引导他去探索他存在的意义和他真正想要去做的事情,他告诉我:"我希望被我父母看见,但我现在找到了一条站在高处散发光芒的新出路。谢谢你,老师!"

这次对话,让他第一次在课堂上不再捣乱,开始认真学习,开始觉得有人关心自己、支持自己去拨除迷雾,到美国追梦。

我很喜欢的一个词,叫成人达己。一个人的一生有很多重要节点,而对于决定留学的学生来说,发自内心的申请必定是重要节点之一,它是过往所有努力、未来所有梦想的汇总。这些年来,终于把自己的付出构建成为可人悦己的一方天地,何尝不是一个充满意义和仪式感的过程?

职业生涯规划的价值

2019年,一个偶然的机会,我得到了一次职业生涯咨询的机会,像是一场精神上的SPA,让我逐渐清晰,逐渐打开自己,通体舒畅,也让我意识到"职业生涯规划"对现代人的重要意义。

于是,我开始向外探索自己的职业生涯,走出舒适圈,开启了"斜杠青年"之旅。我在国内头部生涯机构的PBL个人探索课程上担任学员、助教,直到成为教练。我看到来自五湖四海的各个年龄阶段的同学们,才发现原来生涯困惑和生涯问题已经让这么多人感觉到了"疼痛",大家都在积极地向内探索,向外寻求破局。

2020年的春节长假很长,人们开始熟悉新的工作模式——居家办公,也熟悉一种新的学习方式——线上网课。于是我利用居家的时间系统地学习生涯知识,提高生涯咨询技能,成为职业生涯大满贯学员,拿到了职业生涯领域的很多证书。

DISC+社群联合创始人李海峰老师说过:"是你让证变得有价值,而不是证让你变得有价值。"我开始积极利用所学去帮助对于职业生涯有困惑的职场人士。

因为本身处在国际教育的赛道,我利用了很多时间去帮助刚毕业的学生解决初入职场定位、职场适应问题,比如很多(海归)学生需要跨越文化,还需要进行从"学生思维"向"职场思维"的转换,帮助他们在双重压力下更好地破局,去适应职场。

记得辅导过的一个国内顶级985大学的大四学生,她有着不错的履历和高效的执行力,但也面对着很纠结、痛苦的职业生涯选择题,在马上要准备实习就业的关口,她不知道到底是该寻找本专业的、之前实习过有竞争优势但不喜欢的工作,还是要跨专业干一份自己喜欢的工作。人生路口,该向左还是向右?她太怕选错路了。

我利用基本资料,辅以霍兰德代码AES、价值观排序等,清楚地看到她有多适合那份自己喜欢的、自由且有创意,还能和人打交道的工作。但作为咨询师的我,并不是故事的主角,她的人生只能由她来决定。于是,我通过三次职业生涯咨询的方式,先跟后带,让她能够更好地审视自己的内心。

比如,她提到了一个词,叫试错。她说:"我深知人生不可能不犯错,每次错误都是一场修行,可以让我们更好地前行。但我仍然惧怕在重大选择上出错,从小我的父母就教育我少犯错!"

咨询师是一面镜子,不是法官,无权评判来访者的成长背景和价值观,但可以让她直面自己的内心,解开那些捆绑她的绳索——世俗的眼光和父母的严格期待。我告诉她:"人生其实没有失败,那些只是短暂的不成功。诚如稻盛和夫先生所言,我不是没有失败过,而是我做事情要做到它成功才结束。'破山中贼易,破心中贼难。'"

最后,通过倾听和提问的方式,我帮助她确认自己的心意和那些本专业习得的可迁移的能力,选择了那份她可能当下没那么擅长,但是极度喜欢的工作。

后来,我看着她一路快乐地成长前行,她去了她最喜欢的城市,找到了一份很喜欢的工作,是那种加班也能保持微笑的工作;她老板看到了她的努力,给她提前转正了;她正在把喜欢的工作慢慢变成擅长且喜欢的工作……她的职业生涯才刚开始,故事还有很长。

她的故事只是千万职业生涯故事的一个缩影。看着每个来访者都在渐渐寻找到自我价值,成为自己想成为的样子,这让身为职业咨询师的我充满成就感。

VUCA时代,世界充满了不确定性,唯一不变的就是变化。但无论如何,你是解决问题的关键,让自己变得更好永远是解决问题的最佳方案。

无论是在留学的路上,抑或职业生涯的途中,咨询顾问存在的意义是让你看见你自己的胜任力,校准前行的方向,避免走弯路。

人生走的每一步都算数,我愿做你留学和职业生涯路上的"心灵捕手",为你前行的旅途筑梦!

张展华

DISC+讲师认证项目A16期毕业生
杰西教育创始人/亲子教育导师
个人成长教练
网红书店主理人

扫码加好友

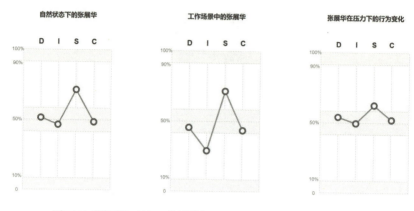

张展华果敢利落不纠结,是拥有强大自驱力的执行者。她具有极强的责任心,有恒心、有韧劲,能够坚持不懈地完成任务,是内心坚定的达成者。她对人、对事有自己独到的见解,擅长处理棘手情况,也是有勇气的担当者。她有优秀的行政管理能力和组织能力,注重大局、兼顾细节,能够令人信任、跟随。

以我微光，逐梦星海

18年4次创业，半路出家做教育的二胎妈妈，如何完成人生逆袭？

我是张展华，是两个女孩的妈妈，也是一个连续创业者。

很多人说，拿起事业就抱不起孩子，或许这是每个努力平衡事业和家庭的母亲共同面临的挑战。

而回首18年的创业路，我看似一路"通关"，但实际上，前进的道路上，在迷茫中寻找方向的渴望、在困境中奋力挣扎的艰辛、缺席孩子成长时的愧疚、从亲友支持中获取能量的欢欣……诸多情感与情绪，反复交织在我的心头。

18年给我的最大收获不是事业的成功，而是创业带给我的对女性和母亲的双重身份、价值和意义的明晰认知。

那么，我是怎样从一个内向自卑、不善交际的"小透明"，成长为一个别人眼中能够独当一面、光芒万丈的"女强人"的呢？

相信我的经历能给你答案。

好的坏的，都是经验

2000年，我踏进大学校园，第一次从农村来到城市，我内心充满了恐慌和胆怯。由于家里经济条件不好，为了帮家里减轻负担，我开始一边求学，一边做家教。

大学一毕业，我就去了一家教育培训机构做英语老师，靠着每个月2000元的收入，不仅养活了自己，还每个月省出500元，寄给正在上高中的弟弟做生活费。

这是我的第一份工作，也是我唯一的一次"打工人"经历，虽然只有一年时间，但我至今都心存感恩。正是在这里，我亲身经历了教育从0到1的过程，也为我后面的职业规划奠定了基础。

由于有教培经验这份底气，我抱着满腔热情投入到第一次创业中——在朋友的帮助下，在一个都市村庄做起了英语培训。无知者无畏，我一个人身兼数职，宣传、讲课、接待、咨询，甚至包括财务，做得毫无章法，但干劲十足。可能是我们的诚意和活力打动了家长们吧，一个假期我们就招到了100多个学生。

这个成绩对初次创业的我来说是一个巨大的鼓励。不过，没高兴太久，好运就离我而去，现实露出了它真实的一面——假期结束，学生开学，生源骤减，我只好选择关门大吉。

成功之后，紧接着的竟然就是失败，这一转折所带来的沮丧和挫败感让我开始怀疑自己：创业，我真的不行吗？

冥冥之中，我就是块创业的料

2007年，我完成了人生大事：成家，并且拥有了一个可爱的女儿。家庭幸福所带来的喜悦，却抵消不了职业发展的迷茫，看着同学朋友们都找到了事业方向，自己却没有任何头绪，那段时间我非常失落。

我决定融入社会,可求职之路屡战屡败,直到好友向我发出邀请:"创业做早教吧。"眼看着求职不成,似乎只有自己创业了!2009年,我的第二次创业历程开始了。

四年教育专业的学习,两年教培工作的经验,再加上身为人母的体会,我最大的优势就是能够共情孩子和家长的真实需求,因此,我们的早教机构很快就赢得了远近家长们的好口碑。

一年后,在众多家长的鼓励和跟随下,我又创办了自己的幼儿园,一下子成了200多个孩子的"妈妈"。我能清楚地记住每个孩子的名字,在幼儿园里,走到哪里都有小朋友叫我"张妈妈",满满的幸福感和责任感让我全身心地投入到这份工作当中。

在使命感的驱使下,两年时间里,我又拓展了两个校区,运营压力和资金压力陡然增大。与此同时,我也亟需学习新东西,结识新朋友,开发新资源,为未来"充电"。

2012年到2015年间,是我学习"充电"、认知革新最快的几年。我作为一名女性创业者的自我觉醒也从这时开始。

我从初出茅庐到建立口碑,从非专业到专业,从一个人闷着头干到带领一群人一起干,我的管理思路和运营体系,在这一阶段得到充分的整理和认证。一套较初创时更为系统、成熟、科学的"打法"让我从容了许多。然而,对工作的全情投入,让我忽略了对孩子的关心。女儿和我的关系渐渐疏远。

"创业者"和"母亲",都需要倾注大量的时间和精力,时间和精力给了"事业"这个孩子,留给自己真正的孩子的就不多了。

我的事业不断进步,我的思维不断迭代,但我却错过了女儿成长中的很多重要时刻,这对于一个从事教育多年的母亲来说,是莫大的打击,缺位的遗憾成为我长久的心结。

一手带娃，一手创业

仿佛是上天的额外眷顾，我有了第二次做妈妈的机会。2017年，我的二宝出生了。

当我一左一右牵着两个孩子的手时，我常常自问：我能不能成为两个女儿心目中的榜样，做一个优秀的女性？人生，还有没有更多的可能？对于事业，我还能激情如初吗？

机遇的大门再次向我敞开，坐月子期间，我接触到一个线上知识平台，创始人读书的声音就像一束光，一下子照进了当时焦虑的我的内心。

2018年初，我把推广这个知识平台当成一次新的创业。我从头学起，举办线下公益读书会，聚拢新老朋友坐在一起分享。很多人问我为什么要做这件事，我说："读书，并且让更多人爱上阅读，这就是感召我做这件事的力量。"

回想起来，那真是一段"在路上"的经历——我常常带着小女儿，一同去各个场地做活动。

休息的间隙，我跑出来给女儿喂奶；该进教室了，她哭着不让我离开，我只好悄悄溜走；晚上，在她睡着之后，我爬起来备课学习。

我也开始拓展我的视野，走进企业、学校和团体，组织活动、开办讲座。经过无数次的练习，我成为一名讲师，在幼教圈之外建立起自己的另一个"品牌"。

天道酬勤。努力和坚持让我积累起10万余人的私域社群。社群之间的融合与裂变，群友之间的联结与赋能，又延展出很多意想不到的商业机会和感人故事。这段异常充实又精彩的时光里，我识人，也识己，我能清晰地感受到自己的蜕变。

最让我感到惊喜的是大女儿的变化。她从一个不爱说话的孩子，变得活泼开朗、自信阳光起来;她开始向我敞开心扉,诉说生活中的快乐与烦恼;她的学习成绩也开始提高了。我想,可能是在我这段创业旅程中,始终带她走南闯北,和我一起感受、经历,她见到了很多原来电视上才能看到的人,也亲身参与了很多线下活动。让她看到外面的世界里,原来有这么多优秀的创业者在积极乐观地奋斗着,这是一种无法靠语言传递的影响和滋养。

感谢创业,给了我还有我的孩子这样一份特殊的成长礼物。

目光坚定,步履不停

谁也没有想到的是,突如其来的新冠肺炎疫情让我的事业又一次面临考验。

实体学校受到冲击,近半年时间里,几家幼儿园全部停课,但校区的正常运营不能停,员工的工资不能停,那段时间,我面临的经济压力前所未有地大。当疫情成为常态,实体学校如何自救?靠什么才能抵御停摆的风险?

几经考察和研判,结合我在大学学习和工作中的专业理解,以及我这些年的品牌塑造和流量池的积累,我看中了一个在线智能英语学习项目。

看好就干,说干就干。我决心尝试用一种新的方式去带领团队创业。凭借过去的经验,我很快上手,并且吸引了许多和我一样的女性创业者加入,我们这个团队迅速在全国范围内崭露头角。

2021年,教培环境突变,我投身的品牌进行了战略调整,我因此得到一个可以操盘省级运营业务的机会。

在属地内搭建学习力平台,助力家庭共同成长,实现和谐氛围,这是我过往就擅长的领域。学科提升的核心关键点是家庭教育。我从核心问题出发,组建成立"妈妈读书会""家庭教育沙龙""超级幸福家长课",从亲子关系、亲密关系、自我成长三个维度助力家长成长。在帮助更多孩子轻松学习英语，帮助更多家庭改变之外，我带领的团队成员，实现了自我成长和财富的积累，尤其是女性同伴，能够做到事业和家庭兼顾，幸福感更强了。

很多人在了解了我的创业历程后会问：你已经拥有了不错的事业，两个令人羡慕的女儿，还有全力支持你的老公，为什么你还是不知足，非要去折腾呢？

我总是回答说：经历过风雨的我，想为更多人撑起一把伞。18年前，我带着对教育事业的热爱，走向创业之路，一路磕磕绊绊。18年过去，爱与热情的浇灌，让无数心灵的花朵绽放，我无怨无悔，力量无穷。未来的我，仍会坚守自己喜欢的教育行业。

写在最后

我始终认为，爱是一切的原点，生命因为有爱而幸福，教育因为有爱而伟大，孩子因为有爱而成长。每个从事教育工作的人，都是一束光，在自己发光发热的同时，也照亮了他人，希望我的微光，能够照亮更多孩子的未来。

我尤其想对女性创业者说，我们既有柴米油盐的日常，也有诗和远方的梦想，我们有爱，我们可以发光，我们有自己特别的能量。祝愿每个女性创业者都能驶向自己的星辰大海！

如果你正在人生转折期，如果你也曾迷茫，如果你是一名创业者，如果你正寻找新的方向……欢迎你和我联系，也欢迎你来到中原大地郑州。在这里，我有一家书店，它叫"我在"，它是我心灵休憩的小院，也是我事业启航的地方，愿它成为你人生旅途中可以避风的港湾。

我是张展华，一个心中有爱、眼里有光的创业筑梦人，希望怀揣同样理想的你，和我一同与爱相伴，筑梦前行。

林靖

DISC+讲师认证项目A16期毕业生
8—15岁青少年口语表达教练
DISC+社群联合创始人
教培行业经纪人

扫码加好友

林靖 BESTdisc 行为特征分析报告

SIC 型

0级 无压力 行为风格差异等级

DISC+社群合集

报告日期：2022年09月06日
测评用时：08分16秒（建议用时：8分钟）

BESTdisc曲线

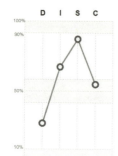

自然状态下的林靖

工作场景中的林靖

林靖在压力下的行为变化

D-Dominance(掌控支配型) I-Influence(社交影响型) S-Steadiness(稳健支持型) C-Compliance(谨慎分析型)

　　林靖亲切随和，阳光开朗，有较强的人际敏感度，能够充分共情他人，并采取合适的方式给他人以帮助。在压力状态下，她会采取更加积极主动的态度去沟通并影响他人。工作时，她是温柔耐心的倾听者、细致周到的支持者和积极主动的协调者。

舞台表演，从来不是表达的终极奥义

高光时刻毅然离职，只为用真诚的表达，传递真实的力量！

作家周国平说过，人会有三次成长：一是发现自己不再是世界中心的时候；二是发现再怎么努力，也无能为力的时候；三是接受自己的平凡，并去享受平凡的时候。

从内向少年到多次被拒的"北漂"，再到奔赴在全国各地青少年教育路上的创业者，我的三次成长，分享给你，希望看到的你能获得心灵的能量。

自信提升，是来自一次意外的发现

你有尝试过，当你开口，同时有 10 万余人听你讲话吗？

曾经的我，作为电视台主持人，同时主持着 4 档节目。6 年时间里，每天超过 10 万名听众听我说新闻、聊民生。

这个角色，是年少时满怀心事、内向被动的我从来不敢想的。那时的我喜欢伤感文学，总是习惯戴着眼镜低头翻书，少言寡语，渴望被关注又害怕成为焦点。偶尔一次公开发言，事后我的脑海中会反复回荡："如果当时我能这么那么说,就更好了!"

直到大学一年级,学校广播电台纳新,我抱着试试看的心理报了名。没想到凭借着在我自己看来不尽如人意、絮絮叨叨的自我介绍,我竟然竞选成功了。台长告诉我,"你的声音过电后非常有磁性,很有辨识度",这让我认识到,每个人都是钻石,只不过我们经常忘了给自己机会去闪耀。

从千里挑一的报名者中成为校广播台的主持人,让我信心大增。我更加虚心学习,沉浸式投入,参与采访、写稿、录音、后期、策划,成为一名多面手,我策划的节目也成为校园内最受欢迎的广播节目。

学生时期的这段高光经历,为未来埋下了信念的种子,它带着我从一次成功,走向了无数次的成功。

进入电视台后,我更加确信了,面对很多人公开讲话,是可以给一个人注入信心的。进入广电系统后,我主持了很多类型的节目,民生、音乐、少儿、交通等。一天4次出现在观众的耳边,城市上空的电波将我的声音传递到大街小巷。

在所有节目中,最真实有趣的是和孩子们待在一起,主持少儿益智节目。这档节目每天会邀请两名优秀的中小学生作为访谈嘉宾,而节目前的一个小时是我和他们近距离沟通、接触的好时间。

时间长了,我注意到很多家长认为的"有主持基础"的孩子反而做节目很刻板。不少孩子会用一些夸张的语气和多余刻板的肢体动作来表演稿子,很多孩子有拖长腔、朗诵式的形式主义,同时使用一些不规范的用语。

程式化的表达,让孩子失去了最动人的童真,这让我很吃惊,也很着急。我试着用贴近孩子生活的话题,激发他们童真自然的一面,随着情绪的自然流动,抛几个有趣的问题,然后仔细听他们说说心里话。

只是好好说话,就让孩子们在录制前逐渐从紧张担心变得侃侃而谈、活泼自然。

后来,我收到过很多家长的反馈:"孩子每次做完了节目,都充满了自信和成就感!"在节目中,孩子很受益;节目外,同样有变化,孩子会用小主播的标准规范言行,提出更高的自我要求,对日常表达有了更高的标准。优秀是会有连锁反应的,家长额外惊喜地发现:成就感给孩子的学习也带来了帮助,孩子的各项成绩居然有了提高。

这使我确信,正确、自然的公众表达可以帮孩子建立强大的信心。

收获是相互的,在和孩子对话的过程中,他们也带给我很多思考,我想起了小时候那个含蓄寡言的自己。如果那时候,我可以早点就找到自己的舞台……这也激励我,做他们的榜样、朋友和赋能者。

2018年,我先后支持过上百位青少年主播参加节目,我见证了他们从迷茫变得勇敢,从自卑变得自信。这使我萌生一种念头:跳出媒体圈,自己做教育。

因为我相信,一定有科学有效的方法帮青少年减少沟通时的口水话,强化表达的逻辑和画面感。

于是,处于职场高位的第七年,我在同事震惊的表情中,递上了自己的辞呈,决定"北漂",寻找真正能打通青少年公众表达卡点的方法。

初始的意念很微小,却藏着巨大能量

落地北京,放下行囊的第一件事,就是找工作。尽管我曾是一位还算有点名气的主持人,但转换到教育赛道,依然不容易。

面对着巨大挑战,我带着兴奋,在求职网站一次性向7家公司投递了简历。可面试了一家又一家,每一次都在深入了解对方的教学方式后,放弃了。

很多机构依然停留在教普通话、绕口令、成语、快板,抬手、摆脚的层面;授课老师可以一个月速成,背会一套话术就能上岗……不!这不是我放弃一切,想要追求的教育。

孩子们不需要变成一个刻板的"小主持",不是设定好程序的复读机,具备学习觉察、多元思考、表达输出的能力。

老实说,从高光时刻一下子跌入谷底,落差很大。在北京,没有收入,住着3000元一个月的合租房,我陷入了迷茫纠结。是维持生计还是绝不凑合?教一个木偶人还是教独立思考、表达见解?是回家还是铆足劲继续坚持为青少年赋能的初心?

直到一天夜里,我偶然听了樊登老师解读《为未知而教,为未来而学》,书中反复提到青少年核心素养的教学理念,每一点都击中了我。我清晰看到我心中的青少年口语表达教育:

学演讲,不止学朗诵。除了声台形表,更要培养孩子区分观点与事情、知识检索、故事思维、质询与提问等专项能力。

不教背稿,现场抽题现场讲。无论是班干部竞选、旗帜下讲话,还是入学面试、竞选发言,孩子在学习和生活中的大部分发言都没有充分时间写稿背诵,需要熟练掌握的是即兴演讲能力。

让演讲促进高效阅读。好口才只是副产品,口才的背后是学识和态度,通过辩论赛、故事会等系列活动,促进孩子主动阅读和学习。

了解听众,关注他人。好的表达不是炫耀口才,而是满足听众的期待,寻求为听众提供价值。

……

我兴奋地发现,原来我坚持的理念是对的,原来我期待的课程真的有人在做。初始的意念很微小,却藏着巨大的能量,被点燃后,我马上找到这家教育公司,递上了简历。

来北京的第三个月,我正式转型,进入口语表达领域,成为一名青少年演讲教练。我心中的目标越来越清晰,因为我明白我在做的是真的能帮助孩子的事,不会给孩子的成长添乱。

我抛开过去的光环和成绩单,把一切归零,调整心态,翻书补齐短板,向业内专家学习,主动付费学习金牌培训师的高阶课程,改进迭代已有项目。

为了更好实践以上教育理念,我和同事设计研发了符合8—16岁青少年的演讲营课程。近三年又深度参与了口语表达项目的创建,从内测班到全国各地遍地开花,深度影响了500多位青少年表达习惯的建立。

看着孩子们独立即兴演讲时的状态,我感觉太美妙了。哪怕只是一次踏出舒适区的探索,试着信任自己的想法和感受,孩子们和我都能感到由衷地开心。的确,在保持开放,逐渐学会信任自己这件事上,孩子比成年人更擅长。

"能说会道"是一种更好的学习方式

在激发孩子的过程中,我真正地感受到了演讲和促进主动学习之间的关系:口才的背后是学问。而运用这套逻辑去主动学习的人越来越多了。

比如,在一二线城市不错的学校里,孩子每周都有一个下午做演讲会,主题不限,想分享什么就说什么,比如身边最近发生的故事、最近的读书心得、故乡的另一面等等,甚至每月还会有一个项目式研究,需要孩子写出研究成果并做汇报。

这样,一周里孩子就会围绕主题进行阅读、检索,罗列、理解看到的知识后,再把凌乱的素材,组织成条理清晰的演讲内容。到下一周他上台做分享的时候,就能够讲点好玩的,讲点不一样的新鲜事。

作为一名青少年口语表达教练,我亲眼见证着青少年在练习口语表达中的成长蜕变:

有的孩子从自我怀疑到讲话有底气,通过一次言之有物的表达就找回信心;

有的孩子从没思路没逻辑到熟练掌握提问、互动、讲故事、开场、结尾等专项能力,通过关键时刻的发言脱颖而出;

有的孩子不再炫耀口才,变成了知识的主人,把演讲作为一种生动有趣的学习方式,促进自己主动学习;

更多的孩子不再拿自己的性格做挡箭牌,明白无论性格内向或外向,都不会影响自己做出精彩的发言。

最重要的是家长和老师,开始尊重孩子不发言的权利和发言的自由。

孩子需要一个被点亮的舞台,激发自己的学习动力和信心,更需要提升逻辑思维和情感表达等专项能力。把演讲作为日常的学习方式、成长的推动器,这才是口才背后的价值。

从那个内向的少年,成长为带动青少年口语表达的专业演讲教练,今天我在享受这项终身能力带来的滋养的同时,也带动着更多父母和孩子在生活的各个场景中观察、感受,挖掘需求,精准表达。用表达放大影响,赢得世界,这才是我心中关于表达的终极奥义。

刘峰

DISC双证班F44期毕业生
智雅成长中心联合创始人
高级家庭教育指导师
心理咨询师

扫码加好友

刘峰 BESTdisc 行为特征分析报告
SCI 型
0级 无压力 行为风格差异等级

DISC+社群合集

报告日期：2022年08月20日
测评用时：06分24秒（建议用时：8分钟）

BESTdisc曲线

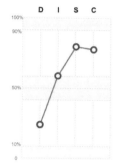
自然状态下的刘峰

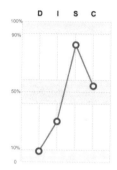
工作场景中的刘峰

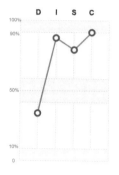
刘峰在压力下的行为变化

D-Dominance(掌控支配型)　I-Influence(社交影响型)　S-Steadiness(稳健支持型)　C-Compliance(谨慎分析型)

　　刘峰细致亲切，稳重可靠，不乏灵活性和感染力，魅力十足。他乐于分享，善于倾听，能够利用专业和优势，积极支持和帮助他人，是团队中值得信任的成员。刘峰追求完美，在专业领域严格要求自己，又有非常高的水准，也充分给予他人信任和尊重，善于通过合作推动工作。

家庭教育,"慧爱"才是真的爱

紧密家庭关系,升维教育理念,培养优秀"牛娃",一次游戏就够了!

警惕家庭教育的"龙门刀客"

父母培养孩子的最终目的是什么?是把孩子送进名校?是帮他们走出校门、杀出重围,进入好的公司?或者帮他们提升能力,创立自己的事业?还是让孩子最终掌握适应未来社会的能力,即使脱离了家庭的庇护,也能从容应对纷繁复杂的现实,成功地工作,幸福地生活?

作为两个孩子的父亲,和很多父母一样,我也觉得自己是百分之百无条件地爱孩子的。以前看那些家长一辅导孩子作业,家里就鸡飞狗跳的视频,我还在心里暗暗说:"未来我绝对不会成为那样的家长。"可是,伴随着孩子一天天长大,我发现自己的脾气越来越差,无意中把自己逼成了"龙门刀客",伤害了孩子而不自知。

大宝上三年级的时候,有一次月考结束,第二天钉钉班级群里发来了一条考试成绩通知消息,我打开一看,数学仅仅考了75分。这个分数也着实有些刺激我这位平时不太在意孩子成绩的父亲。

正当我还在思索的时候,太太打来一个电话:"我告诉你哦,今天放学我去接娃回来后,我一定要好好教训教训这小子,最近玩心实在有点重,才三年级,就考这么点分数。"电话那头的太太,生气地说着。五点多钟,太太发来了一张大宝站在门口流着眼泪面壁思过的照片,想来,家里应该刚刚经历了一番"鸡飞狗跳"。

我想替孩子做些辩护,但是我也在反思,平时是否真的对孩子有些溺爱了。每次考试也好,做作业也罢,美其名曰,让孩子自己对学习负责,但其实日常忽略了对他学习上的指导。总觉得考试成绩并不能代表一切,毕竟未来要想在这个社会上立足,还有很多比考试成绩更重要的能力,但是当真的几乎垫底的考试分数摆在面前的时候,心里还是多了几分焦虑。

我想和太太说,打骂这样的方式,也许并不能起到正向的作用。小的时候,家里聚餐,餐桌上总会出现一个"别人家的孩子",他总是学习又好,又很听话,总之哪哪儿都比自己厉害,对于这样的"别人家的孩子",我那会儿心里没有羡慕,唯有反感。

我相信大部分的家长在做父母以后,甚至在成为父母之前,一定都买过一些家庭教育相关的书籍或者课程,期待通过学习,让自己拥有更好的处理家庭关系的能力。但是,相信很多人也和过去的我一样困惑,觉得好像单纯讲理论,容易把自己变成"唠叨的家长"。当孩子或者另一半对我们建立起"防火墙"的时候,会把我们传递的爱和支持一并拒绝。

神奇的改变,在游戏中发生

孩子的天性是爱玩,而相亲相爱的夫妻关系,既是家庭关系的核心,也是良好亲子关系的基础。

为了拔除大宝挨批评的"烂草莓"(指那些不好的回忆),也为了和太太达成更多的育儿共识,我找了个周末,约上大宝的同学和同学的家长,带他们一起玩一个游戏——专门为解决家庭教育过程中的痛点和难点而设计的《家庭教育成长罗盘》。想要通过游戏的方式和大家一起去觉察和发现,一起探讨更好的家庭教育经验。

周六早上,我早早地整理好客厅,腾出茶几,摆上《家庭教育成长罗盘》的相关用具。各式卡牌和道具一摆,小朋友的好奇心就来了,也许他们还不知道,其实一场家庭教育培训课程正在悄悄展开。

我邀请所有的小朋友在面对接下来卡牌上所呈现的问题的时候,可以去扮演家长的角色,站在家长的角度上去演绎和回答卡牌上的问题。

游戏每33分钟为一个阶段,分0—6岁、7—12岁、13—18岁三个阶段,游戏的终极目标是争做"五星家长",而想要获得五星家长的称呼,我们必须要取得"父母的五种智慧""孩子的十大卓越品质"相关卡牌。通过摇骰子、跳格子的方式推进,走到对应的格子,就要完成卡牌上写的内容,如果能够完成对应的挑战,则可以获得相应的奖励,直至凑齐"五星家长"的卡牌,就算胜出。

在欢快的娱乐氛围中,我们的游戏顺利结束,比结果更重要的是我们在模拟家庭教育过程中的觉察。

太太首先分享,她发现到了第二阶段、第三阶段,想要去执行很多培养孩子卓越品质的任务的时候,游戏有个规定"必须要达到对应的家长星级,方能执行卡牌内容"。换言之,**如果家长没有相应的智慧,是没有办法培养孩子的卓越品质的**。

联系到现实生活中,孩子在人生的不同阶段,家长该用的教育方式也不相同。比如0—6岁,卡牌上有个提示,叫"安全屋",到了7—12岁,变成了"习惯城",13—18岁,又变成了"价值岛"。孩子每个阶段对于家长的依赖和需求不同,自然要求家长的能力不断提升。所以,对她来说,最大的感受就是作为家长,首先要不断地自我学习和提升。

听到太太这么说,我心中暗喜,哈哈,看样子,我想要传达的信息太太已经通过罗盘游戏有所感悟了,我真的觉得,罗盘实在是太神奇了。

第一章 播种:春风化雨,润物无声

大宝的一位同学的家长也分享了她的收获。她最大的收获就在于发现每一位玩家在修炼"父母的五种智慧"和"孩子的十大卓越品质"的时候,所要付出的"有豆"和累积兑换的数量是不一致的。她最后深入理解这背后的原因时,才觉察原来是因为每个人的原生家庭不同,导致我们所要着重修炼的能力也不尽相同。

是啊,我们常说,没有一个人的原生家庭是完美的,我们之所以要通过游戏去回溯原生家庭,并非为了划分责任,而是为了两个目的:**第一,让命运的轮回在我们身上画上句号,不让悲剧和痛苦延续到下一代身上**;第二,**看到原生家庭给自己带来的影响,承认它,摆脱它,最终成为更好的自己**。所以,不要过度神话你的父母,也不要用"天下无不是的父母"为他们的错误行为开脱。

正是因为所有游戏角色卡牌上的描述和设置,都是来自走访和调研真实家庭中出现过的案例,所以,我们每一次和不同的玩家玩,或者抽到不同的游戏角色,都是一次近乎真实的人生成长历练。孩子的成长不能重来,但罗盘可以推演,这就是罗盘游戏的价值所在。

让我好奇的是,作为孩子,他们在体验这个罗盘游戏的过程中,会有怎么样的收获呢?于是,我迫不及待地邀请大宝做分享。他说:"感受最深的是,玩'锦囊妙计'时,所有人会围绕卡牌上的一个育儿问题,来分享他们的处理方式,真的应该让我爸爸妈妈也看看别人的爸爸妈妈是怎么处理问题的。"

的确,"锦囊妙计"中分别收录了在不同年龄段最常见的一些育儿问题,而通过规则的设计,参与的家长可以在这个环节体会到不同人对于同一个问题的处理方式是不同的。

很多时候,我们很容易受惯性思维的影响,总喜欢用自己习惯的方式去解决问题。当我们有机会去看看别人是如何面对和处理问题的时候,就有机会去学习其他家长的智慧。

第一次带着家人和其他家庭体验完这套罗盘游戏以后,收到了大家非常积极的正向反馈,这让我信心大增,也深信不断地在游戏中推演,在现实中修正，一定可以助力更多家庭更深地感悟家庭教育的真谛，创造和谐的家庭氛围，养育正能量的孩子。

作为一名专业的《家庭教育成长罗盘》的"成长向导"，这样的改变故事时常在我身边上演。我也通过一场场的罗盘游戏带领越来越多的家长在游戏中去领悟家庭教育之道，让它成为"剧本杀+人生推演+家庭教育专业课"的最佳结合。

就像很多家长反馈的一样："《家庭教育成长罗盘》是家庭幸福教育百宝箱。"的确，这套游戏基于深厚的理论基础，由教育专家从家长培养孩子无数个最棘手的问题中精心筛选出近百个迫切需要解决的问题，并通过400多个有效的解决方法、1000个案例带大家逐一感悟、突破，游戏化的操作更加简单易学，家长一看就会用，一用就有效。

DISC+社群联合创始人李海峰老师曾经说过一句话："我来是为了更好的自己，现在我想要一个更美好的世界。"

当初去学习成长罗盘的课程，也许是为了让自己的小家更幸福，但是现在，我期待能够借这套工具，让更多的父母越来越有智慧，帮助更多的孩子越来越卓越，帮助更多的家庭越来越幸福。

我有一个梦想，愿天下的孩子都是幸福的孩子，愿天下的家长都是"慧爱"的家长。

一叶

DISC+讲师认证项目A16期毕业生
在职中学语文老师
"南京妈妈之家"创始人
正面管教家长&学校讲师

扫码加好友

一叶 BESTdisc 行为特征分析报告

IS 型

0级 无压力 行为风格差异等级

DISC+社群合集

报告日期：2022年09月06日
测评用时：04分40秒（建议用时：8分钟）

BESTdisc曲线

自然状态下的一叶

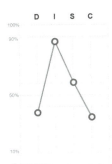

工作场景中的一叶

一叶在压力下的行为变化

D-Dominance(掌控支配型)　　I-Influence(社交影响型)　　S-Steadiness(稳健支持型)　　C-Compliance(谨慎分析型)

　　一叶天性友好、乐观，散发出热情和动力，是充满能量、极具感染性的个体。她适应性强，能够坦然接受变化，是阳光积极的影响者，能够给予周围人能量。她善于利用主动的沟通交流，展示魅力，获得认可。她内心独立，做事方式灵活，非常善于打开局面，影响和说服别人。

第一章　播种：春风化雨，润物无声

进化是生命最大的成就和回报

我们不能选择命运,但可以选择用自我进化来改变命运!

"大家跟我一起念:sh-uǐ,水……"

"sh-uǐ,水……"

屋檐下,一群小朋友端坐在两排,昂起头,一脸认真地跟着念起来。斑驳的白墙上,写着看不清楚的文字,"小老师"一头齐耳短发,穿着一件小碎花衬衣,满意地笑了起来,手中还拿着一个小土块。

这位"小老师"就是我,一个从小就梦想成为一位老师的女孩。

时光飞逝,"小老师"终于成为一名真正的老师。我依然记得初为人师的那一天,我在笔记本上郑重地写下的那一句话:"做学生喜欢的老师。"

两点一线的生活,波澜不惊,生命之河就这样一直缓缓地流淌着,它正是我想要的美好生活的样子。

直到上天和我开了个玩笑,我才意识到生命的长度是有限的,但生命的价值可以由我决定。当自我探索的旅程开启,人生也将不再一样。

唤醒,我想过怎样的生活

2014年6月28日的中午,手机铃声响起,屏幕显示着"赵主任"。焦急等待检查报告的我,紧张地接起电话。当她轻轻说出"系统性红斑狼疮"这几个字时,我的眼泪一下子涌出来了。我不知道这个陌生又恐怖的名词,它对我来说意味着什么。

南京,7月,我每天在病房里打点滴,外面大雨倾盆,好像一切都要泡在水里。住院9天,在激素作用下,我胖了14斤,住院前刚买的浅绿色连衣裙,完全套不进去了。回到家,看到镜子里面目全非的脸和变形的身体,我又一次哭了,心想:"这样,还不如死了好。"

赵主任安慰我说:"你就想你中了500万元大奖。"

好吧,我中了500万元大奖。医生是这方面的专家,还是我熟悉的人。虽然有时感觉累,但好在我能吃、能睡、能动、能上班。与别人相比,我已经是幸运的了。

生病前,为了评职称,好像我一个多月都没在办公室喝过水。平时也不喜欢打伞,不喜欢披围巾、戴帽子。我自认为身体很棒,从不注意营养饮食。

我一直以为我在努力地生活,而现在我发现自己离真正的生活很远。从小镇到南京,不管是个人成长还是专业发展,是梦想推动我前行。现在呢?苏格拉底说:"未经审视的人生不值得一过。"10年,好像是上天在问我:**"你想过怎样的生活?"**

晚上,我做了一个梦,梦里,头发花白、儒雅的老校长和蔼可亲地看着我,微笑着说:"接受!"醒来正是早晨,梦里的情形大都模糊了,但这两个字如此清晰。

我默默在心里重复:"接受!"

乌云散去,泪水辉映着晨曦。所有没有放下的都放下了,不该遗忘的也都留在我心底。喧嚣退去,未来逐渐清明,仿佛一切都释然了。那一刻,我的身体轻如羽毛,在空气中上升,我感觉到一种从未有过的轻松。

我突然意识到,世界上除了生死是我们无法把控的,再没有什么可恐惧,我只需要大胆走自己的路。

幸福，用生命影响生命

深切感到生命珍贵的我，急切想要超越平凡的生活。我想要做什么？我可以做什么？我默默问自己。教育是我的本职，值得我继续深耕；儿时的作家梦，已被岁月蒙尘。我该如何取舍？

从教 20 年，我时常透过学生看到家长的影子。学习能力可以培养，但是孩子的内在力量、行为习惯要从小建立。我不能改变的部分，是不是可以通过改变家长来完成？

我和两位同事聊起教育这个话题，大家不约而同地提出：国家有很多孩子的学校，我们要做家长的学校！

教育是利人利己的事，笃定的信念给了我极大的热情。2015 年，不到两周，我们就建起两个满 500 人的微信家长群，家长们每天在群里学习，热烈地讨论。我们刚刚建立的微信公众号，发刊词一发出来就有两三百人阅读。

当越来越多家长向我请教育儿难题时，我意识到自己需要更专业的知识。请再多的专家，不如自己成为专家。于是，2017 年 1 月，我完成了正面管教家长讲师认证。

正面管教体验式教学的魅力让我折服，它极大地调动了每个人的学习热情，启发了每个人的内在智慧。表扬和鼓励的区别使我震惊，奖励或者惩罚的负面效果让我深思。如果这种教学方法被应用于课堂，将没有一个孩子不爱学习。如果正面管教能够走进学校，如果每个老师都学习了正面管教，那将是所有孩子的幸运。于是，我又毫不犹豫地完成了正面学校讲师认证。

2018 年 1 月，我在金陵图书馆进行了第一场家庭教育讲座，3 月我兑现了自己的承诺，开启了第一期正面管教系统家长课。做家长和做老师一样，仅仅有爱是不够的,还要懂孩子、有方法,最好还要有一个持续支持、相互鼓励的学习社群。于是,我建立了"南京妈妈之家"社群。

越来越多家长来"南京妈妈之家"学习,他们的改变和成长,给我成就感,激发我以更高的标准要求自己,不断迭代课程。我开启"解密青春期家长课""鼓励咨询个人成长小组",并带领社群的伙伴一起读书学习。

有很多家长对我说,如果他孩子的老师也能学习正面管教,该多好!这让我感到被肯定,又有点受打击。我组织学校讲师认证班,加入"第二天"社群,创建"家长讲师研习社",和伙伴们一起精进,传播家庭教育,期待更多地走进学校。

在学校,我和孩子们一起创办《雨露》杂志,培养了一批爱写作的孩子;开设"《论语》+ PBL(问题式学习)"选修课,第一次将 PBL 项目式教学引进学校。

越来越多的同事、家长开始关注我的微信朋友圈,向我咨询育儿问题,和我一起学习。这几年,我努力成长,不管是师生关系,还是家庭生活,我感到自己的状态从未有过地好。

多么幸运,我最初想的是如何自我实现,后来发现,**帮助他人实现自我就是最好的自我实现。**

感谢那场病,它唤醒了我的灵魂,让我重新思考生命的价值。**用生命影响生命,这是一种真实的幸福。**

进化是生命最大的成就和回报

满腔热忱,用一颗纯粹的心,做自己热爱的事,不仅世界为你指路,周围的人也会帮你。

通过公益讲座、父母课堂、读书会、讲师认证班、儿童 SEL 冬夏令营、大型年会……"南京妈妈之家"影响了越来越多的人。没有场地,学员免费帮我提供;没有员工,每次活动,伙伴们不拿一分工资一起策划组织;没有宣传媒介,他们口口相传帮我招生……

但是,为什么我时常会心有不安?比如:"南京妈妈之家"还停留在学习社群,没有成为我所期待的"家长学校";正面管教走进学校开展讲座的次数还只是个位数;时间有限,仅仅用周末,我没有更多的时间思考推广、媒体运营……

一种渺小感时常侵袭着我,我感觉自己走到了一个路口,我听到一个声音,那是儿时的梦想在呼唤我。我又开始写作,我想把我的热爱,通过我的笔告诉世界。我写写停停,有时可以每天一篇,过一段时间又松懈了。我很矛盾,社群和写作,是不是我只能选择一个?

2021 年 10 月,时隔 3 年,我组织了张宏武老师在南京的第三个认证班。还是那个地方,还是我俩,但是我的心情已经和过去不一样了。我说起我的迷惘,她说:"路要走才能明晰。"

她的话给了我力量,行不行做了才知道。我不满足于写文章,我要写一本书,把我这些年的思考写出来,让更多人看到,我还要通过写作对教育进行更深入、专业的研究。

2022 年初,我报名了秋叶大叔的写书私房课。没想到,半年间我换了 5 个目录,写了 7 个样章,一次次被编辑老师批到怀疑人生。渐渐地,我明白写书和平时写文章不一样,我必须放下固有思维,**只有承认自己不知道,才能静下心来学习自己不知道的**。

心态转变后,我从未有过地专注,我逐渐找到了真正要写的方向,那就是如何培养孩子的自驱力。两个月我翻阅了上百本书,**发现我曾经自以为的知道,不过是沧海一粟**。

2022 年 7 月,在去往武汉参加写书私房课的高铁上,我接到出版社的通知:选题通过,可以准备签约,我的心中如有清风流云拂过。

2022 年 9 月,当我进入 DISC + 社群学习,我又想到《庄子·秋水》中的一句话:"今我睹子之难穷也,吾非至于子之门则殆矣。"和一年前一样,同样的渺小感侵袭我,但现在,我感恩这种渺小感,庆幸自己的选择和决定。

持续学习就是增加价值,世界上没有所谓的成功失败,只有进化。当我读完《原则》这本书,突然明白以前迷惘和不快乐的原因。"进化是生命最大的成就和回报。"瑞·达利欧先生的这句话,引发我深刻的共鸣。

结束语

课上,我和孩子们徜徉于字里行间,享受着三尺讲台的乐趣;周末,我和家长们读书交流,编织美好的教育梦想;清晨,我打开电脑记下我的思考和感悟,书写生活带给我的新鲜的感动……一种幸福感时时涌上心头。

做老师、做家庭教育、做"南京妈妈之家"、写书,每一次相遇都在提醒我,努力向前,去寻找、发现并无限接近我最想要的那个本来的自己、美好的自己。

我在进化的路上,欢迎你和我一起。

第二章

萌芽：
勇敢表达，影响无界

五顿

DISC+讲师认证项目A15期毕业生
CCTV节目演讲撰稿人
《演讲的逻辑》作者
长江读书节领读者代言人

扫码加好友

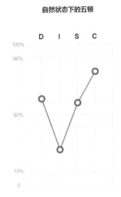

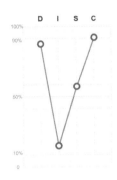

　　五顿为人积极向上，追求卓越，有较强的开拓进取精神，善于通过严谨的逻辑、务实的行动、有序的计划，推动目标达成。他对工作有强烈的使命感，独立自主，坚持不懈，不达目标不放弃，对人对事都保持完美主义的态度。

第二章　萌芽：勇敢表达，影响无界

你的语言的边界，就是你的世界的边界

从不敢站在人群中心，到站在舞台之上大声表达，人生边界从此拓展。

"内向的人能成为表达高手吗？"

如果10年前你问我，我的答案是不能。

而10年后的现在，作为专注于赋能成年人演讲和青少年表达的专业演讲教练，我的答案是：内向，并不妨碍你的表达，甚至可能成为你的宝藏。因为你的世界不是由是否内向决定，而是由你的语言的能量和成长的方式决定。

我走了10年的路才获得这样的认知。今天就将这其中的跌宕起伏讲给你听，希望我们一起拥有更大的世界。

做一个富足的内向表达者，你也可以

从小，我就是一个内向又有点自卑的孩子。那个时候，我特别渴望能够成为人群中侃侃而谈的那个人，能站在世界的中心畅快淋漓地表达。

但是，我不敢，不敢主动发言，不敢主动交朋友，不敢将自己的想法讲给

别人听。我想,我是成不了那个"站在世界的中心去表达"的人了。

这个认知在我上大三那年到达顶峰。

我的一次专业实践的成果被老师看见了,于是他为我组织了一场分享会,希望我能将实践经验讲给同学们听。

这是我一直梦想的场面!满怀期待的我精心准备了半个月,逐字逐句写稿,写完后又背得滚瓜烂熟。

没想到,正式分享的当晚,我登上讲台后,大脑一片空白,众目睽睽之下,我忘词了!忘得一干二净!台上的我安静又尴尬,台下的同学们炸开了锅,嗑瓜子的声音、玩手机游戏的声音、情侣间打闹的声音,都比台上我的表达更精彩。

很快,大家起身离开,去忙自己的事情。300多人的会场只剩下6个人——我和约好为我庆功的同宿舍同学。原定的庆功宴也变成了一顿索然无味的安慰餐。

当时的那种恨和痛,让我记了很多年。恨自己的不争气,痛自己的不行。

这件事让我非常厌恶自己,更让我坚定地认为内向和"社恐"是一个人的性格缺陷,如果不改变内向和腼腆,一辈子都会没出息。

为了寻求突破,我遍访名师。在家人的支持下,我几乎参加了全国所有有名的演讲老师的课程,不断学习,刻意练习,模仿电影里的经典台词,参加各种企业辩论赛等。

慢慢地,变化在我身上发生。两年后的2016年,我参加了北京卫视《我是演说家》节目,在海选中全票获得晋级。

因为学习演讲,我进入了一家知名演讲培训机构,一年时间从学员做到助教、讲师,再到公司合伙人,一下子信心大增。

这个时候我还内向吗?扪心自问,我还是很内向,但是我不再因为内向而自卑。

我原以为,内向和自卑是画等号的,但这两年的经历让我惊喜地发现我是一个内向表达者。我逐渐觉察到,内向不是性格缺陷,它甚至可以成为我的宝藏。它让我准备好了、想明白了再发言；它帮助我言之有物，做更合适的表达。

这是我对表达的第一次认知升级：内向不妨碍我可以很好地表达。内向不是性格缺陷，不是自卑的代名词。

语言的背后是学问和态度

但是紧接着我就栽了一个大跟头。

2017年，我参加了全国讲书人大赛。因为演讲技巧纯熟，又能很好地调动现场气氛，基本每轮比赛我都以第一名晋级。但随之而来的是铺天盖地的质疑："这人没什么内涵，就靠讲讲段子，哄得听众捧腹大笑"，"只会搞氛围，没有什么文化"。

我当时很气愤，其实内心也很慌张。

因为比赛越往后，越拼阅读量。其他选手能讲《苏东坡》，讲《心若菩提》或是《人类简史》，而我为数不多的看过的书，不是四六级、考研参考书，就是关于升职加薪挣钱的书籍。讲到最后，讲无可讲，特别是拿到湖北省冠军、晋级全国总决赛的时候，我只能临时看书临时讲，结果显而易见。

这时我才意识到，那些质疑其实很有道理：我在穷尽一切技巧勾住听众的注意力，但这背后缺少学问。

当时有句话点醒了我：**你的语言的边界，就是你的世界的边界**。他们讲的内容我为什么讲不出来？因为我讲的就是我熟悉的内容，我的世界就那么大。

那之后，我开始认真读书。刚开始，我为了比赛进行填鸭式阅读，哪类书籍适合比赛就读哪类，这样的方式，让我拿到了讲书人大赛湖北省冠军。

为了让自己的演讲更有内容,我开启了主题阅读,读自己兴趣盎然的书籍,比如城市历史这个门类的书籍,我一下子就读了十几本,一年时间组织了 40 多场读书会。

2018 年,我创办了湖北省本土 TED 平台"听见",成为省图书馆金牌讲书人、长江读书节领读者代言人,更有机会和偶像陈铭老师打辩论赛。

成为有技巧又有内容的讲书人,我的影响力一下子扩大了。我辞职成为自由职业者,收到来自各方的邀约,兼任了 5 家公司的培训总监、招商主讲和自媒体负责人,收入翻了三番。

这是一次意义重大的职场跃迁,因为它带给了我更大的平台和更广阔的世界。

这也是我对表达的第二次认知升级:所有演讲和表达的背后,都是学问,而学问的背后是态度。这份态度不是炫耀你的才华,而是要关注你的内容是否对听众有用。

用语言赋能,拥有更大的世界

职场跃迁给我带来高额经济回报的同时,也让我的表达被更多人看见。但我的遗憾依然在:我没能获得 2017 年讲书人大赛全国总决赛冠军。

为了圆梦,在又一次拿到讲书人大赛湖北省冠军后,我前往北京,期待进一步精进,提升。在北京,我遇到了业内非常知名的徐老师和陶老师,陶老师真诚邀请我前往北京成为口语表达教学项目的负责人。

我很兴奋,也很犹豫。

一边是在熟悉的家乡,各种合作邀约向我扑面而来,这是我多年打拼的成果,能带给我可观的经济收入和不可忽视的影响力;一边是陌生的北京,要放弃一切,重新来过,从月薪 8000 元开始。

两个月后,我做出决定,推掉所有工作,成为一名"北漂"。因为我发现我不仅热爱演讲,而且坚信"言值"的提升能够创造价值,能切实地帮助学员解决实实在在的问题。邀请我的老师,他的项目满足了我所有的想象,他本人不仅演讲辅导技术过硬,而且有非常多的资源。他辅导的对象,要么是明星、名人,要么是世界冠军,都是行业翘楚。我看到了一个更广的世界。

带着美好的憧憬,我前往北京。不承想,等待我的,是长达 8 个月的纠结犹豫。

因为不可抗力,我参与的演讲表达项目延迟了 8 个月才启动。那段时间,我一边在北京等待被召唤,一边寻求新的合作。项目没开启,但我的演讲生涯不能停。

很长一段时间,我周末要么回武汉谈合作,要么去其他城市讲课,然后周一回到北京,期待项目启动。

2019 年 8 月底,就在我心灰意冷的时候,终于等来了演讲内测课。试讲结束,反响超级好,并获得了樊登老师的推荐。

项目拔地而起,迅速在全国三十多个城市遍地开花,我成了空中飞人。在那样紧张又激烈的环境下,我尝试各种形式和花样,只为把课讲到最好。

超值交付才能满足快速崛起的巨大需求。我们培养了近百位演讲教练,一起深耕成年人的演讲辅导,很快帮助上万名学员提升了表达能力,也针对青少年口才开发了相应的课程。

在老师的推荐下,我又作为中央电视台《世界听我说》的演讲撰稿人,开始辅导科学家、哈佛大学教授、著名翻译家、格莱美奖提名获得者,甚至是名人后裔进行公众讲话,同时也辅导了众多普通人进行演讲表达,成为他们身边的演讲表达顾问。

再后来,我从讲书人大赛的金牌选手,成长为比赛的评委和总教练;同时成为湖北省图书馆的金牌讲书人、读书活动策划人,为各省市级图书馆活动建言献策。我多次作为省级大型文化活动的发言嘉宾,受到各媒体报道。我效果最好的一次直播演讲,5 分钟就吸引了 70 万人同时线上观看。

感谢自己对演讲的坚持和热爱，这一次选择，让我拥有了更好的世界。

我以前运用的方法，是在舞台上用麦克风做宣讲，是演讲；在北京，我们运用的是表达，实现了有目的的社交沟通。

直到现在，不管是做演讲辅导，还是销讲，或是辅导学员面试、相亲，甚至是去安慰他人，我仍在用这套方法的底层逻辑。它比传统的演讲更广泛，也更能指导实践。

这是我的第二次职场跃迁，它让我拥有了超强的资源，也有了创业的能力和勇气。

这也是我对表达的第三次认知升级：演讲不仅仅是将学问和态度在台上表达出来，它是有目的的社交沟通。这份认知，让我明确了未来的事业路线。

做自己的 CEO，扩展亿万人的语言边界

如今，我成立了自己的团队，用"北漂"带给我的历练，去赋能、去管理。我也真正认识到，用自己的能力为自己而活，才是真正的有价值。

目前，在成人演讲领域，**我的第一个重要角色是演讲顾问**。

当大家面对重要的表达场合，如竞聘、路演、宣讲、面试、相亲、论坛发言等，我作为演讲顾问，帮助他人理思路、列框架、了解听众、挖掘故事、编排语言、模拟彩排直到上台完成演讲，达成他们的演讲目标。

我的第二个重要角色是企业负责人，负责与多家企业和知名高校合作，成为企业的招商顾问和高校的 MBA 课程讲师。在招商项目中，我梳理招商讲演模式，帮助企业提升客户转化率；在 MBA 课堂，我帮助创业者讲好

企业故事，提升表达力。

在青少年的口才教育领域，我的角色是帮助他们成长的赋能者。

首先，我教给他们更多的专项能力，比如提问、讲故事、发表好观点等。现在很多学校在选拔学生时，增加了口才面试的环节，更不用说青少年普遍的演讲需求，如升学面试、竞选班干部、国旗下讲话。

其次，我把演讲作为一种促进孩子阅读的方式，比如为孩子布置演讲题目，同时推荐阅读书目和阅读策略，用演讲比赛的形式验收其阅读成果。让孩子不仅掌握演讲的外在技巧，更收获演讲背后的学问，树立积极阅读的态度。

此外，**我还以团队管理者的身份，进入短视频和青少年学习力赛道。**在短视频和直播方面，我与业内顶尖的团队达成合作，开启新赛道；在家庭教育方面，我着力于青少年学习力的培养，希望利用心理学技术来推动青少年的学习动力，帮助青少年处理好和自己、老师、父母、同学的关系。

演讲和表达，也让我在不断精进自己的过程中，获得很多能力，如课程设计与研发、商业模式设计、个人品牌打造、产品权益维护和全国招商加盟等。

这些能力，随演讲而生，又对我的演讲事业产生积极影响，让我不惧怕任何风险。这样的状态，纯粹又踏实。

这是我的第三次职场跃迁，它让我开启了完全属于自己的事业版图，并让我的情怀与商业相结合。

这也是我对表达的第四次认知升级：演讲这份事业，不仅能帮助对方解决实际问题，更是促进对方阅读的一种方式。

曾经，我以为内向是我的巨大阻碍，后来，我发现内向是我的巨大财富；

曾经，我以为好口才是口若悬河，后来，我发现讲话的背后是学问，学问的背后是态度；

曾经，我以为演讲只是站在台上去表达自己的想法，后来，我发现演讲是有目的的社交沟通；

曾经，我学演讲是为了精进自己、赚取收入，后来，我发现演讲能够真正帮助他人解决问题、学会阅读。

我从不敢站在人群中心，到站在语言的舞台上肆意表达。

你的语言的边界，就是你的世界的边界。

胡小滨

DISC+讲师认证项目A16期毕业生
长江读书节金牌讲书人
樊登读书训练营签约知识教练
阅读咨询成长教练

扫码加好友

胡小滨 BESTdisc 行为特征分析报告
IS 型
0级 无压力 行为风格差异等级

DISC+社群合集

报告日期：2022年09月06日
测评用时：04分34秒（建议用时：8分钟）

BESTdisc曲线

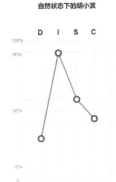

自然状态下的胡小滨

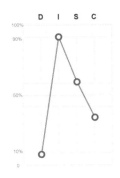

工作场景中的胡小滨

胡小滨在压力下的行为变化

D-Dominance(掌控支配型)   I-Influence(社交影响型)   S-Steadiness(稳健支持型)   C-Compliance(谨慎分析型)

  胡小滨天性友好乐观，热情主动，行动力、适应性强，能够灵活融入不同环境。她不怕困难，即使是以前从未做过的事情，她也非常愿意冒险尝试，是优秀的开拓者。她善于通过积极主动的沟通，打开局面。胡小滨具有强大的感染力，是人群中的发光体。

第二章 萌芽：勇敢表达，影响无界

讲书，开启人生新篇章

现实多烦扰，书中路千条，让人生永远年轻的秘诀，你值得一试！

2019年，工作跌到谷底，生活的一地鸡毛，让我活成了自己讨厌的样子——一个"中年怨妇"。

在书店里，翻开《与虫在野》这本书，映入眼帘的一句话击中了我："一个人一辈子结识一万个人打顶了，但那一万个人仍只是一个物种，而每认识一种虫子我都别有心动，我又结识一个新朋友，那是一万个外形和神情不同的物种，这是真的一万个朋友，唯有欢喜。"

这句话瞬间让我释然。我所遇到的所有困难，不过是同一个物种之间芝麻绿豆大的纷扰。世间还有那么多有趣的事情正在发生，还有那么多可爱的虫子在生活，为何不快乐一点，坦然一点，从容一点？

于是，我开启了阅读的大门。去书中找寻更宽广的世界，去书中遇见更多精彩的人生。在工作之余，我开启讲书之旅，成为一个讲书人，分享、传播书中的知识。正如樊登老师所说：分享知识是一种美德，当你把知识分享出去的时候，世界也就多了一分美好！

我从一个阅读者逐步成长为讲书人，成为朋友口中的"励志小姐姐"。因为讲书，我认识了许多天南海北的书友，结识了很多牛人和"大咖"，打开了视野，我从身边的人开始，影响了1000多人捧起书本开始阅读、分享和讲书。

开启阅读之门

在我刚刚开始阅读时,我喜欢把阅读后的心得整理成文章,录制成讲书视频传播出去,希望能够影响更多人开始阅读。没想到,接二连三的好事发生在我身上,一步一步改变着我的生命轨迹。

比如我分享了《佐贺的超级阿嬷》这本书,很多朋友看过之后,告诉我,"超级阿嬷"的生活态度,缓解了他们育儿过程中的焦虑;我也因为这个讲书视频,成功入围"樊登读书 2021 年有请讲书人大赛"华南赛区五十强选手。

在线下比赛中,我讲述了《百岁人生》如何影响我开启 3.5 段式人生,入选了八强选手;在决赛阶段,我讲述了《与虫在野》这本博物学好书,如何重启和点亮我的人生,使我站在万人瞩目的讲书人舞台绽放自己,得以看见丰富多彩的世界,最终我获得"樊登读书 2021 年有请讲书人大赛"华南赛区三强选手。

2021 年,我与樊登读书训练营签约,从一个素人成为签约知识教练,影响 1000 多位朋友开始阅读、分享和讲书。

2022 年 8 月,我参加了长江读书节讲书人大赛,夺得全国十强,获得"金牌讲书人"称号。

回顾我成为讲书人的过程,每一步都为遇见未来更好的自己,提供了源源不断的力量。所以,阅读吧,这也许是我们每一个普通人快速成长的最佳路径,它能够有效提升我们的生命质量。

从阅读开始

你可以从感兴趣、能读懂的书开始阅读。不管去哪里,随身带一本书,提醒自己:有一本书在等着我去看。

阅读的时候,带着好奇心,同时思考作者究竟想告诉我什么?为什么作者要这么写?和我以前想的有什么不一样?

带着问题去看书,也许就能在书中找到答案,迎接顿悟的 A-ha 时刻(Aha moment)。

如果阅读的时候总是静不下来,影响阅读效果,怎么办?可以试一下这个方法:

第一步,找到一个舒适的地方、采用一种令自己舒服的姿势;

第二步,用手机设个 5 分钟番茄钟(慢慢可以逐步延长时间);

第三步,把手机拿到隔壁房间或者调成静音装在包里,使其远离自己的视线,然后开始阅读。

另外,有个小建议:读完一本书,拿出一支笔,在书的第一页,签上自己的名字和日期,写下 A-ha 时刻最想说的一句话。以后每当你想到这句话,就会想到这本书,听到看到这本书,就会想起 A-ha 时刻你最想说的那句话。

从分享起步

阅读之后,把那个 A-ha 时刻的感受,用送礼物的心态,分享给更多人,哪怕是一句令人开心的话、动情的话、富有哲理的话。请相信,你在真诚地分享书中的知识时,你的正能量也在持续地积累。

分享应该怎么做呢?

先从身边熟悉的人开始,比如家人和孩子。

分享可以为孩子树立爱学习的好榜样。分享完以后,问问孩子的感受和意见,可以增进亲子间感情和关系。孩子提出的不同意见,还可以帮助我们更好地提升自己。

有一次,我跟儿子分享《时间管理》之后,他对我说:"你熬夜写出来的稿子,不如早起神清气爽时写的好!这是科学的时间管理。"于是,我听从了他的建议,发现早起写稿,不但效率高,质量也高很多!

其次寻找同频的圈子进行分享、学习和交流。

线下读书会是个好地方,一群爱读书的人在这里面对面地交流,可以看到别人阅读和推荐的好书,扩展自己的书单;可以聆听别人对同一本书的不同理解,再把自己的阅读心得和感悟分享给大家。

通过分享所收获的成就感和满足感能激发自己更好地阅读分享下一本书。

最后,参加线上共读会和线上训练营也是一个快速提升自己阅读分享能力的好方法。

线上学习打破了时间和空间的限制,线上训练营可以提供更多高效、有用的干货、技巧和方法,能让你的讲书能力得到快速提升。比如2020年我参加了"樊登读书28天读出生产力训练营",参加了"我是讲书人大赛",获得"金牌讲书人"称号。这次经历激发了我进一步学习讲书的动力,于是我持续学习、不断输出,最终成为樊登读书训练营签约知识教练。这个过程中,我不仅认识了全国各地的1000多名书友,还认识了很多牛人和"大咖",每次出差所到之处都有书友前来相聚,那种幸福感真是花钱买不到的!

讲给陌生人听

如何讲给陌生人听？在互联网时代，你可以根据需要，通过朋友圈、社群、公众号、视频号、小红书等各种社交平台，用语音、文字、图片、视频等方式进行讲书。

可能有朋友会说，我不好意思，怕别人不喜欢，怕别人觉得我太作，怕别人说我……记住，成长的路上，没人能够阻挡你，除了你自己！

我们用送礼物的心态去分享，当你送出去的 A-ha 时刻对别人产生了价值，引起了别人的共鸣；人们因为你的讲书，获得了新知识，改变了旧观念，改善了关系，实现了一个人生小目标，相信我，你会收获满满的幸福感！

一位台湾书友，听了我的讲书之后，也开启了他的讲书人之旅，如今在喜马拉雅开通了他自己的讲书专栏"爱的五种语言"。他那种暖暖的音色辨识度非常高，很快就大获成功。他对我说："小滨老师，听了你的讲书，点燃了我心中的梦想，我也希望把一本本好书传递给更多的人。"

另一位北京书友对我说："小滨老师，当初在训练营里，正是你的一句话激励了我，至今我都记忆犹新。你说，今天你们看到的是小滨在直播间里和大家进行讲书分享，说不定，明年的今天坐在这个直播间里的知识教练就是你！"果然半年之后，她也成功签约樊登读书训练营，成为知识教练在直播间分享她的讲书经验，还打造了一个专属于自己的训练营，为更多书友服务……

这样的故事还有很多很多，讲书就是用生命影响生命的过程。

看到这里，你是不是想问：讲书难吗？讲书真没那么难，但要讲得好，你需要有导师，进行刻意练习，还要反馈和复盘。怎么做？

第一步：向讲书界的老师们学习

你可以参加讲书人培训，主动结识牛人和"大咖"，带着自己的问题去请教，得到"大咖"的指点，你进步的速度一定比自己摸索快得多。

比如李拓老师送给我永远难忘的三个建议"练习好声音""突破舒适圈""扩大理解力，找到自己的风格和赛道"，让我的讲书能力得到飞速提升，也让我在讲书人的道路上一步一步往前走。

第二步：持续输出，刻意练习

讲书是一场无限游戏，任何时候开始都不晚。只要你捧起一本书就可以开始讲书；讲书没有边界和终点，书店里有多少本书，你就可以持续讲多久，而且书籍每年还在推陈出新，知识永不枯竭，我们要学习新知识，不忘旧知识。讲书是一个持续向上攀登的过程，你可以遇见更多优秀的人，追随他们的脚步，努力追赶他们。一年、三年、五年之后，回头一看，你会发现不经意之间，你实现了人生一次又一次的跃迁！

第三步：寻求反馈和复盘

"费曼学习金字塔"告诉我们，讲就是最好的学。当你把书中所学知识，用自己的话讲给一个8岁的孩子听，而且孩子能听得懂，说明你已经牢牢地掌握了这个知识点。

不要放过任何一个可以讲书的时刻和机会，比如工作团队内的5分钟分享，线下读书会10分钟分享，线上社群30分钟分享。分享完之后，寻求大家的反馈，别人没听懂的地方，就是你需要改进的地方。

然后，建议你去参加各种形式的讲书人比赛，以赛代练。通过参加比赛，你会遇到能力更强的书友，看见差距，激发持续学习的动力，很多改变人生的机遇也会随之而来。

讲书人进阶之旅,需要持续向上攀登。这条路精彩纷呈,每一本书都将构成你人生旅途中美丽的风景,让你对未来充满希望,迎接未来更好的自己,开启人生新篇章!

这条路也并不孤单,因为有我和所有讲书人与你同行。

清墟

DISC+讲师认证项目A16期毕业生
商业演讲私人教练
职场能力提升教练
世界500强企业培训专家

扫码加好友

清墟 BESTdisc 行为特征分析报告

SC 型

0级 无压力 行为风格差异等级

DISC+社群合集

报告日期：2022年08月17日
测评用时：18分54秒（建议用时：8分钟）

BESTdisc曲线

自然状态下的清墟

工作场景中的清墟

清墟在压力下的行为变化

D-Dominance(掌控支配型)　　I-Influence(社交影响型)　　S-Steadiness(稳健支持型)　C-Compliance(谨慎分析型)

　　清墟耐心周到、细致可靠，共情力强，善于倾听和接纳外界的意见。他善于运用逻辑分析去了解问题和做决定，总是尽量寻找和采取考虑周全、切实可行的方式来开展工作。同时，他律己甚严，内敛含蓄，不轻易表态，但内心有自己的原则和坚持，能和谐地组织人、凝聚人，完成各项任务。

逆风飞翔：借势成长突围

商业路演,其实很简单

从一上台就紧张忘词的"小白",升级为商业路演教练,秘诀只有四点。

屈指算来,我在商业路演的讲台上已经讲了十几年,主讲大大小小各种路演、沙龙数千场,成交客户近万人,募集资金数十亿元。

对于商业路演,我也曾和很多人一样担心、困扰,比如:

我也尝试过积极准备,但一上台就紧张到大脑一片空白;

我也想多互动调动氛围,但是没人响应,好尴尬;

明明是很好的项目,为什么大家都不愿意听而在玩手机;

讲的时候感觉客户也挺认可,怎么后续跟进的时候对方总说考虑考虑;

这得有天赋才行吧,我一个"社恐"的人做不了这个。

……

是什么让我从一上台就紧张到忘词的"小白",一路升级成为指导别人如何演讲的教练呢?这要从我的职场蜕变讲起。

没有天生的表达高手

读书时期的我基本可以用"社恐"、慢热、宅来形容,从来没想过未来需要面对几十甚至几百人做公众演讲。直到 2008 年,我从浙江大学毕业步入职场后,才越发感受到,不善表达、不会沟通太吃亏了。

比如,平时不太会主动向领导汇报工作,升职加薪就与我基本绝缘;被别人甩锅也不懂怎么化解,只能默默当背锅侠;需要跨部门协作的时候,别人也是把我当"小透明"……于是,为了改变自己,也为了圆小时候想当老师的梦想,我应聘成为一名企业培训师。从一开始的不知所措到现在的收放自如,我庆幸遇到了一位好师傅——吴秀珍老师。她手把手教我怎么站、怎么讲,不断给我上台锻炼的机会。

还记得我第一次去做客户活动的时候,只来了 3 位客户,讲到一半,还走了两位。结束后,师傅带着我复盘,为我分析哪里讲得好,哪里逻辑有点混乱,下次怎么改进。半年后,她还帮我争取到去总部参加 TTT 培训的机会,接受系统的讲师训练。

回来后,我保持每天参加 1~2 场路演、沙龙的频率,我演讲的技巧和能力飞速提高。入职当年,我不仅拿到了公司组织的讲师比赛第一名,还被评为年度优秀员工。从此,我越发热爱讲师这份职业,也下定决心把它作为我终生的事业。

随着个人经验的积累和能力的不断提升,我对于培训工作也越来越得心应手,从培训主管到培训经理再到全国培训总监,最后离开金融行业,成为阿里巴巴公司的一名培训专家。我不仅自己能写能讲,还带领培训团队开创了一些新型的培训项目。

直到一次偶然的机会,我看到一句话:不要用战术上的忙碌,掩盖战略上的懒惰。我这才发现,自己每天安排得很忙碌,穿梭于各个会议之间,但真正能让自己成长的机会已经越来越少了。工作已然成为养家糊口必须完成的任务,我已经很久没有感受到当初的那份热爱。

于是,我选择离开了阿里巴巴,成为一名自由讲师。我和几个朋友一起为中小企业做 IP 孵化,我负责前端路演,他们负责后端服务。初试了几场之后,场均 50% 的转化率,让团队信心倍增。我也找回了当年的热情,重回讲台的感觉太好了。

随着项目的推进,我发现很多企业虽然已经具备了一定知名度,但是对于如何融资、如何通过路演把产品推出去实现变现,还是有一定难度。于是我想,**既然我有这样的能力,为什么不去帮助更多的企业家融资呢?**

虽然平时在开会的时候企业家们大多能侃侃而谈,但那是因为面对下属时具有天然心理优势。在路演的时候情况就完全不同了,现场可能会有他的同行,还会有一些行业内的专家,加上又是在公众场合,说不定还会现场直播。担心说错话,甚至紧张到大脑一片空白,这是大部分初登讲台的企业家的情况。

其实企业家可以进行相应的训练,学习调整心态的方法和一些表达方式,再通过多分享,来克服紧张和不安,提升结构化思维和表达能力。

魔力表达的四个核心技法

如何才能让一场路演达到最佳的效果呢?偷偷告诉你我在指导企业家做路演时最核心的四个技法:

第一,知己知彼。

很多主办者不关心参会人员当下的资金情况、未来的发展规划、投资偏好、对本次活动的关注点等情况。

事实上,了解客户是我们取得成功的关键。比如路演目标是向客户推荐某项产品或者服务,我们就可以根据收集到的信息将客户按 A 有钱有意愿、B 有钱没意愿、C 没钱有意愿、D 没钱没意愿进行划分,然后尽可能贴近 A、B 类客户组织演讲内容,通过案例让他们看到效果,增加信心。

第二,拒绝"自嗨"。

在过往主持数千场的路演、沙龙的过程中,我发现技术型和专家型的主讲人特别容易"自嗨"——沉迷于自己的专业领域,分享他认为最新的想法和最好的案例。

如果是学术交流或者面向专业投资机构,这当然没问题,因为大家都有一定的学术背景,但是如果面向个人投资者,这就行不通了。比如有一次做量化对冲投资的路演,操盘人是哥伦比亚大学的数学博士,第一次路演,这位博士通篇讲的都是专业名词和模型理论,客户直接听晕了,结果可想而知。

第二次路演,我们做了调整,先由我从投资理念、市场现状、收益对比等角度来介绍量化对冲的优势和基金管理人的操盘能力,再由那位海归博士用 10 分钟简单介绍他的模型和选股思路。这样,客户既听懂了市场现状及产品特点,又了解了他的专业性,最后成交率也大幅提升。

我们的思维要转变为客户思维。既然活动的目的是把产品或服务卖出去,那就需要揣摩客户的心理,以客户为主导,比如他会关心哪些内容?为什么要买这个东西?如果客户不需要,即使市场再稀缺、技术再先进,他也不会支付购买。所以,活动的主题、开场的切入必须抓住客户的需求点。

同时,要把专业性的内容用生活化的语言或案例转换成大家能听懂的话,有代入感才能更好地激发需求。

第三,快速吸粉。

我们都知道,一场路演如果要有好的氛围就必须要有互动,这对于能否快速吸粉尤为重要。这要求我们在设计路演环节时安排好节点及互动的方式,以脉冲的形式,尽可能多地吸引参会人员的注意力。

设计互动环节,我们通常要关注以下几个重要节点:

开场时,引起参会者注意,使其对路演内容产生期待;

抛出重要观点前,通过提问、总结、对比来突出观点的重要性;

推出产品/服务前,总结、回顾之前提出的观点、集中需求点,让参会者对产品/服务产生期待;

结束前,回顾所讲重点内容,让参会者抓住重点。

做好了以上内容,并不意味着在现场可以随意找人互动。找错了人,抛出问题后对方不理你,你会在台上尴尬到恨不得挖个洞钻进去。

所以,在路演前期,尽量面向所有人提问,而不是选具体的人。问题尽量选择简单的封闭式问题,让大家通过点头或者摇头就能互动。热身后,就可以选个人来互动了。如何判断哪些人适合互动、哪些不适合互动呢?我多年的经验告诉我:适合互动的人,往往经常与你有眼神接触、不回避、面带微笑,给你肯定,着装艳丽、饰品较多或夸张。你眼熟的老客户也适合互动。而经常看手机、冷漠、面无表情,双手交叉于胸前,看起来比较有个性的人,大概率不适合互动。

第四,落地陪跑。

随着中国资本市场的发展和创业群体的增加,天使、VC、PE 等股权类的直接融资比例也在逐步提高,因此,除了向市场推广产品和服务的路演外,企业家往往还会遇到另外一种路演类型——投融资路演。

融资只是为了钱吗?当然不是。举个例子,如果你有一家电商公司,因为要扩大规模,现在需要融资。同样出让 10% 的股份,个人给你 1 亿元和腾讯公司给你 5000 万元,你选哪个?答案是腾讯公司,因为它能给你提供平台、管理、渠道、资源等方面的支持。可见,资源比钱更重要。

那么怎样才能获得投资呢?最常见的做法就是路演。资本市场是残酷的,锦上添花的多,雪中送炭的少。所以,在公司蓬勃发展的时候,需要通过展现其在行业中的领先地位、核心的竞争优势、未来的发展规划,各项数据等,来赢得投资者的青睐。这就需要我们具备熟悉不同投资机构关注点的能力,再通过一对一辅导以及多次演练来帮助企业家完成融资路演。

当然,同为投资机构,有些擅长互联网,有些擅长人工智能,有些擅长医疗健康,有些擅长环保能源……找对适合的投资机构也非常重要,这就需要我们专业的咨询顾问来把关。

以上四点就是我多年来在我自己和指导企业家做商业路演、投资路演过程中总结的核心技法。一名优秀的演讲者,需要具备结构性思维、临危应变的能力,能合理利用声音、动作等表达技巧,最重要的还是持续学习,只有自己有了一桶水,才能给别人一瓢水。

无论是现在还是未来,如果有商业路演方面的问题,欢迎联系我,我们一起交流学习,教学相长。

大雷

DISC+讲师认证项目A16期毕业生
销售增长咨询顾问
销售冠军陪跑教练
DISC+社群联合创始人

扫码加好友

大雷 BESTdisc 行为特征分析报告
SC 型
0级 无压力 行为风格差异等级

 DISC+社群合集

报告日期：2022年09月06日
测评用时：06分46秒（建议用时：8分钟）

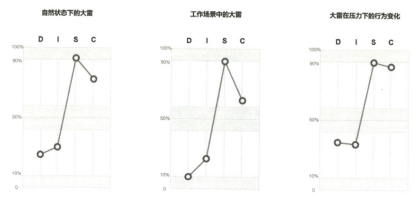

BESTdisc曲线

自然状态下的大雷　　工作场景中的大雷　　大雷在压力下的行为变化

D-Dominance(掌控支配型)　I-Influence(社交影响型)　S-Steadiness(稳健支持型)　C-Compliance(谨慎分析型)

大雷做事深思熟虑、稳重、细致周到，有耐性。他追求真诚的欣赏、严谨明确的规则、和谐的环境，希望保有稳定的节奏，避免激烈冲突。他忠诚、耐心而宽容，善于倾听和共情他人，因此给人留下亲切、友好、温暖和平和的印象。

跃迁重生,销售人生也可以如此精彩

从销售菜鸟到增长顾问,每一次闯关破局,都有不同的精彩!

我是大雷,销售增长咨询顾问,一个支持中小企业构建渠道体系和实现业绩增长的超级个体式创业者。

我凭借多年积淀下来的专业系统的经验,为有需要的朋友诊断、赋能,给予他们分析和建议,并帮助他们拆解出项目从渠道搭建到市场开发的全流程,提供落地可执行的方案,取得了可喜的成果。

我从销售"菜鸟"一路成长为销售增长咨询顾问,这一切,都源于一个销售老兵十多年如一日对销售的研究、学习及思考。

从大山走向城市,销售让我提前独立

我本名叫雷军,因为父亲工作的缘故,从小跟随父母四处奔走,从四川到湖北,从宜昌到十堰,辗转多个省市。漂泊的童年,也让父母对美好生活的向往和吃苦耐劳的品质,在我身上得到了延续。

高考填报志愿,我下定决心,宁可掉档上大专,也要离开大山,奔赴城市。大学入校第一天,我便开始四处寻找兼职,在展会发传单,在超市推销卷纸,也曾被黑中介骗过钱,被黑心老板克扣工资。年轻的我用时间和低认知换取社会经验,浪费了宝贵的学习时间,但也萌发了人生第一个像样的目标——除学费外,大学期间不拿家里一分钱。

我发现兼职工作的时间有限、收入少,便开始琢磨其他的课外收入。听说学生会和社团能够获取到更多的社会资源,我立马加入,虽然没得到资源,但眼界却得到了提升。

因为院系之间的工作交流,我了解到很多挣钱方法:在寝室开商店、卖热水、跑楼卖炒饭、合作卖电话卡等等。大学三年下来,我凭实力实现了当初的目标:大学期间,不拿家里一分钱!

挣钱的同时,我的学业也没落下,因为学习也可以挣钱。为了学期末的奖学金,我从没缺过一节课。作为系学生会主席,我以优异的成绩和突出的工作表现,连续三年拿到国家奖学金、学院奖学金,获得的各类表彰更是不胜枚举。大学三年,不仅没向父母伸手要过生活费,学费也没让他们操心。

从大山到城市,变了的是环境和身份,不变的是对美好生活的向往。在追逐美好的生活的道路上,因为拼搏和努力,我收获了比同龄人更多的自信、荣誉和激励,也悟出一个道理:梦想不管大小,只要你想,上帝都会帮你开路!

入职初创教育公司,销售让我不断跃迁

学生会主席、国家奖学金获得者……在校园里的辉煌经历没有令我的求职之路一帆风顺。

初入社会的我,当过小学老师、餐厅服务员、净水公司销售、服装店店

长、大学生演艺经纪人……眼瞅着身边的同学都开始朝八晚六的职场生活,一向要强的我有点坐不住了。

一个偶然的机会,大学学长向我推荐了一家快速扩张的教育装备公司,我抱着试试看的心态投出了简历。没想到,我与这家公司互相陪伴成长的9年,成为我人生中最重要的一段旅程和最宝贵的财富。

入职后,我便踏上了教育行业的新征程,开始了在职场上一路狂奔、升级和自我超越的故事。我把这段经历分为了3个阶段,每个阶段都是一次自我的历练和跃迁。

第一个3年,从一线销售员到销售主管,我践行"不积跬步,无以至千里",深刻地认识到"有志者,事竟成,破釜沉舟,百二秦关终属楚"。

10月的武汉,秋风瑟瑟。入职后的培训期,每天早上6点,我雷打不动地起床演练拜访,我对自己说:"过了就好好干,不过就自己滚蛋。"一周后,我成为唯一一次性考核通过的新员工,只因我当它是最后一次机会。

初下市场时,我是小组中每场招商会议邀约参会人数最多的组员,只因我一周就能走烂一双35元的皮鞋。没有智能手机的年代,出门拜访客户,只能参考纸质地图,我用双脚去丈量着每一寸走过的路。这一段扫街经历成为我日后销售培训时最具感染力的素材。每个街区,我必定拜访;每次拜访,我必定留下详细的记录;每次记录,我必定做好总结;每次总结,我必定将其与其他同事分享,这"四个必定",凝聚了我对成功的诠释,也是日后我在销售课上最容易与学员共情的部分。

入司3年,调岗5次,我从负责分公司筹备到负责政府订单的谈判沟通,每次变化都考验着我的耐心,也丰富着我的经历。

第二个3年,从销售主管到省区总经理,我学会了成人达己、成己为人,深刻地理解了"助人者天助,渡人者渡己"。

丰富的销售实战经验,让我看到自己有更多的可能,于是开始向销售管理者转型,也开启了自我投资的学习之路。我学演讲、学教练、学掌控,研究阿里巴巴公司的中供销售铁军,学习蓝小雨的人情做透销售课程,在企业内部主持讲课,向老领导请教渠道管理。

"专业定胜负,访量定江山。"我坚信市场是检验实力的唯一标准,学以致用才是最好的学习方法。三年时间,我为负责省区的所有空白市场招募了合适经销商,把一个每学期只有600万元销量的小省区发展成为每学期创造2800万元销量,渠道团队从13人发展到21人,直属督导团队从3人发展到6人。至此我终于成为一名销售管理者,在我的感染下,我管理的整个省区士气大涨。

通过自身的努力,我购房买车,组建家庭,2014年还有了可爱的女儿。不仅如此,我还获得了晋级大省省区总经理的机会,这是机遇,也是挑战,而我选择迎战。

第三个3年,从省区总经理到带领冠军团队,我学会了市场经营的道、法、术,开始从企业发展角度看待市场经营,用战略发展眼光看待团队管理。

接受新的挑战后,依托于过往的经历和同事们的帮助,我开始冷静地思考市场的经营策略。面对一个近5000万元销售目标的大市场,再沿用事必躬亲、埋头苦干的方法肯定不行。基于对全省每个地市市场的深刻分析后,结合团队人员的特点,我制订了"两商三我"的市场运营策略,并计划一年内完成运营策略的执行。

"两商"是招商和扶商,"招商"即对销量连续两学期未达成目标的市场,采取分地按区县招商的策略,招募的地区不分渠道总销量大小,一切根据往期目标达成情况进行划分;"扶商"即对全省所有渠道商进行公司运营、团队组建、市场开发等系统性扶持,采用重点地市单人单盯的方式,保障每期销售占20%的大渠道商达成学期目标。

"三我"是对团队伙伴提出行动要求,采用"我来、跟我来、我们一起来"的方式拿出具体的行动策略服务市场,以带动团队伙伴按照统一的运营方案服务好各自督导的区域。

伴随运营策略的逐步落地,业绩的增长也验证了我制订的市场运营策略的可行性。3年过去了,从接手的第二个学期开始,我的团队便稳居公司团队业绩排行榜第一名,并创造了全年1.2亿元销售额的历史业绩,成为行业单省区销售业绩的天花板。

放弃高薪闯荡上海，开始了自己的创业征程

享受事业成就感的同时，我也在思考：离开这个平台和省区总经理的身份，谁还认识我？答案不言而喻。当新的机会来临时，我果断选择跃迁，奔赴上海，入职一家互联网＋幼教创业公司，开启了新征程。

这场踌躇满志的双向奔赴之旅，还没开始，便因众所周知的"黑天鹅事件"而告终。上海之行让我深刻地认识到，一份事业的成功，需要天时地利人和，而非只凭一腔热血。

我逐梦的脚步从未停下，回到武汉，重新开始，将自己多年以来对于渠道运营的经历和经验沉淀为"销售总监能力树"。接下来的两年，我在新赛道、新领域躬身探索。

从互联网＋幼教到体育运动行业，从大学生考研项目到传统净水项目，我运用"能力树"模型，在短时间内帮助各项目从 0 到 1，走上正轨。项目推进的过程中几次停摆，我开始思考如何通过新媒体为项目招商、出单以及赋能，做到足不出户也能让项目正常运转。

偶然的机会，我接触到新媒体行业千万级粉丝知识博主秋叶大叔，只接触一次，我便决定加入秋叶团队，哪怕做个助理，也要争取这个机会。

加入秋叶大叔的公司后，从与秋叶大叔的工作沟通到年度万人峰会的策划实施，从秋叶书友会粉丝社群运营主管到秋叶高端项目事业部的渠道销售总监，在秋叶团队的工作经历，让我从全新的角度思考企业营销体系建构，见识了新媒体的能量和新媒体营销的威力。我在秋叶团队里一年的见识，可与过去十年的经历媲美。一个全新的我诞生了——拥有传统线下渠道运营和新媒体运营思维的营销人大雷。

更加幸运的是，这一年的工作经历让我结识了 DISC＋社群创始人李海峰老师，并加入 DISC＋社群 A16 班，受邀成为 DISC＋社群联合创始人和

DISC+课程的认证讲师,还结识了一批优秀的同学。

不断的学习和探寻,让我明确了事业发展新方向——成为一名独立的营销咨询顾问,专注于教育装备市场中小企业的营销咨询培训服务。

机会总是在不经意间便悄然而至,我怀着利他之心提出自己的看法和建议,收获了大家的认可和好评,这使我坚定了在这一领域深耕的决心。我创立了以营销4P理论为基础的市场渠道布局方法论,并提供贴身咨询和陪跑服务,已经成功拿到了营销咨询订单,开启了全新的征程。

回顾职场十几载,每一段经历都是一份财富,每一份财富背后都藏着一个故事。我的故事,由销售开始,由营销续写,我可以,你也可以!

张嫣君

DISC+讲师认证项目A16期毕业生
樊登读书常驻签约讲师
世界500强企业培训师
沟通、销售课程讲师

扫码加好友

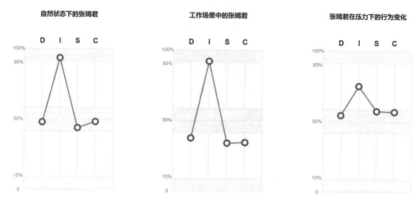

张嫣君性格开朗,亲切热情,直率坦荡,坚韧独立,善于人际交往,面对陌生的环境也能快速打开局面。她精力充沛,头脑灵活,自信果敢,乐于分享,能热忱而坚定地影响和说服别人,让他人得到激励鼓舞,是团队中不可或缺的引领者、影响者。

不知不觉达成销售的秘诀

靠聊天就能聊成销售冠军？满分好评的一对一销售秘诀就在这里！

我是张嫣君，从一个销售"小白"，到现在带领团队定目标、拿结果，单场直播销售达 100 多万元，不断创造销售业绩纪录的销售达人。一路从抵触销售、不敢销售，到研究销售、享受销售，我是如何做到的呢？

我在接近满分好评的销售实战课中总结的一对一销售的秘诀，能够快速让我们在聊天中不知不觉达成销售。

掌握销售风格，团队发展更有力

DISC＋社群联合创始人李海峰老师告诉我们，D、I、S、C 是我们每个人身上都有的 4 种行为风格。而我们的销售人员也可以根据人的不同风格，分为目标型、感性型、支持型和缜密型 4 种类型。

目标型销售，目标非常强，一旦定下目标就会拼了命哭着跪着去达成目标。只要是他们认为有成交可能性的人，他们一定会盯紧直到成交，就算伤到人脉，也要达成自己的销售目标。

比如，我有个朋友属于典型的目标型销售。她会定下本月需要完成多少业绩，再梳理自己的客户列出一份表格，接着安排每天聊多少人，成交多少订单，盯着这些人一轮接着一轮地聊，直到达成自己的销售目标。

目标型销售做业绩是一把好手，但是也需要注意适当调整节奏，平时要多积累，有意向的客户，在聊了两次没成交的情况下，应注意调整战略，不要紧追不舍，以免操之过急。

感性型销售感觉舒服了，能多定一些目标，多达成一些销售额，感觉不舒服了，即便定了销售目标也不愿意完成。他们的情绪来得快，去得也快，所以必须得有个理性的人拉着他，这样效果会好很多。

感性型销售有个很大的特点，就是很容易跟人打成一片，所以很容易碰到贵人。其实我就属于比较感性的人，很多原本不爱社交的人，接触我之后，都会愿意跟我说上几句话。我也特别不喜欢定目标，并不是因为自己完不成，而是被目标束缚的感受特别不好，而事实上我常常是超额完成目标的，超额完成目标又会激励自己，使自己做事时更加得心应手，进入良性循环。

支持型销售通常非常愿意支持别人。他们的主观意识不会太强，因为他们不想得罪别人，在竞争环境下，他们愿意牺牲、让步以换取和平。所以制订销售目标时，必须让他们先制订，不然他们会在别人的目标值里取一个中间值作为自己的目标。

支持型销售耐得住寂寞，客户都比较稳定。他们擅长做售后维护，基本上很少被客户投诉。

他们的个性，使他们很少追着客户，也很少为了目标去打破自己的原则，他们宁可自己吃亏。

对于支持型销售，采用一些必要的销售手段还是很重要的，正如我们所说的需要菩萨心肠，也要有金刚手段，在不违背原则的前提下，多学习一些技巧，可以促进他们提升业绩。

缜密型销售总是先收集充分的数据、资料，调研后才出击，所以他们的销售目标基本上都是能达成的。他们也不相信别人的信息，只相信自己核实过的信息。为了万无一失,他们出击之前会做好多套方案。

但他们往往因为太较真,对自己严格,对客户很苛刻,导致客户放弃合作。他们也会在解决售后问题时,因为不近人情、不会变通,而失去一些客户的信任。

缜密型销售需要有擅长人际敏感度的人在旁边拉着。

综合来看,初创公司需要目标型和感性型人才去开疆拓土,而公司迈入正轨后,则需要缜密型和支持型人才保驾护航。

识别客户风格,达成合作更快速

知己解彼,快速识别客户的风格,才能尽快制订适合对方的销售方案,拿下订单。

根据客户的行为风格可以将客户分为强人型、气氛型、好人型、逻辑型。

强人型客户目标感比较强,喜欢快速切入主题,所以如果三分钟之内销售还没进入主题,他们就会结束商谈。所以,销售跟强人型客户合作时,不用铺垫太多,对方就会很快问你价格、方案、有没有优惠等等,如果你还跟他分析"贵有贵的原因",大概率对方就没有耐心听下去了。

对强人型客户开门见山非常重要。他想要什么,销售就回答什么,提供他想要的信息,再接着往下讲原因以及方案,要结论先行。

气氛型客户是很喜欢寒暄、聊天、热闹的人,他们会跟销售聊很多有的没的,往往会跑题。如果销售也是这样的人,在拜访气氛型客户时,要特别小心把控时间、主题,不要忘记了拜访、商谈的主要目的。

所以跟这样的客户哪怕谈得再开心,一定要签下合同,或者收取定金,这才算是真的达成了合作,否则过段时间,他就忘了这个事情。

好人型客户对人都很友善,他们的关注点在别人身上,不喜欢造成对方困扰,他们与合作商的合作一般较稳定,更换合作商的概率很小。

所以,想要在短时间内换掉好人型客户的合作单位,不太可能。我们要与对方从朋友做起,直到对方愿意将自己的顾虑讲出来。这个时候,你只用帮他分析和参谋,不要帮他做决定。

同时,可以询问不更换合作商的代价或者后果是什么,通过专业分析、同理心带给好人型客户安全感,他自然会作出最终的判断。

逻辑型客户,追求数据和完美,他们可能会问你要一些公司背景资料,以及你个人的履历等,看似好像在打探你的个人隐私,但这是他们的工作习惯,我们尽量配合就好,甚至还可以主动问对方需要什么资料。

逻辑型客户细致、对数据敏感、要求信息真实,因此,与他们合作时一定不要弄虚作假,而是要尽力展现自己的专业,或者带上该领域的专家,用专业征服对方。

线上成交,这样更省力

互联网时代,线上成交无缝衔接线下成交,同时也解决了很多有成交卡点的人的沟通问题。线上成交不如线下成交直接,却给了我们很多思考时间,同时也扩大了我们的成交基数。

线上客户也分为强人型、气氛型、好人型、逻辑型4种。那么如何在没有面对面交谈的情况下,快速识别出对方的类型,并成交呢?

强人型客户的目标感非常强,他需要解决某一类问题。如果向他推荐课程,他会直接问他能获得什么收益,甚至还会了解我们的利润。

所以不要跟他绕弯子,而是结论先行,告诉他想知道的。在聊天的过程中,记得挖掘他的需求。需求就是他的目标,针对他的目标为他提供相应的服务,解决他目前的问题,就能快速成交。

气氛型客户,典型表现就是在社群里喜欢发表情包,喜欢受到大家的关注。对于这类型的客户,一定要用他喜欢的方式与他进行沟通。他更愿意在他感觉舒适的状态下表达自己的需求。

在与气氛型客户沟通时,多向对方强调这个产品对他的好处是什么,对他有什么样积极正面的影响。他喜欢跟风,对他说一句"某某也签了合同"就能促进成交。

支持型客户在社群内很低调,"我不说话,我就看看"是他的真实写照,但是你一旦找他,让他帮个忙,他还是非常愿意支持你的。请他评分或者提意见,他大概率会说"挺好的"。

对于支持型客户,延迟满足很重要,不要急于成交;要与他保持互动,倾听他的需求,多给他提供价值和帮助。支持型客户往往是因为对你的价值观的认同和对你本人的认同最终选择与你合作。

逻辑型客户在社群中话不多,他更在乎的是内在价值和实实在在的利益。利益不单指收益或者利润,还有成长空间、未来发展可能性等等。逻辑型客户考虑得比较长远。

与逻辑型客户沟通时,要准备好数据、案例、报表等等,还要提出有针对性的建议。他不喜欢一味地跟他说好话,如果你能更客观地为他分析利弊,向他展现专业,对他来说更有说服力,更容易促成成交。

有人说,有些人可能兼具好几种特性呢,那么也可以综合运用以上的技巧,提高成交率。

最后,我要提醒大家,一定要学会延迟满足。在成交之前尽量多积累、多扩展我们的人脉,这对成交是非常关键的!

最后祝福大家都成为销售冠军!

第三章

破土：
借势破局，成长无疆

墨梅厂长

DISC+讲师认证项目AD期毕业生
连锁门店私域增长顾问
社群运营实战操盘手
锦润墨邦创始人、CEO

扫码加好友

墨梅厂长 BESTdisc 行为特征分析报告
SC 型
8级　工作压力　行为风格差异等级

报告日期：2022年10月17日
测评用时：07分54秒（建议用时：8分钟）

BESTdisc曲线

  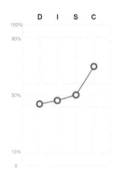

D-Dominance(掌控支配型)　I-Influence(社交影响型)　S-Steadiness(稳健支持型)　C-Compliance(谨慎分析型)

　　墨梅厂长深沉内敛，善于沉思，乐于倾听。她专注于一步一个脚印，取得预期结果。她是一个很好的支持者。在压力状态下，她会更加客观冷静地运用逻辑分析能力，条理清晰地制订决策，并且坚定不移地达成既定任务。工作中，她包容友善，能够聆听别人的想法并做出回应，愿意帮助或服务别人。

先活下来？ 不，我做到了活得更好

一年逆风翻盘，转型为私域增长操盘手，你相信吗？

最近看到网友调侃老板画的饼越来越小了。
原来都是说："公司三年内就上市。"
现在都是说："放心，我们公司今年黄不了。"
这是个心酸的笑话，但也是事实。
实体行业的日子更是不好过，有的人倒在寒冬下，有的人冲破风雪，在冬天开出花……

寒冬下的实体店生存实录

据统计，2022 上半年，中国约 46 万家公司倒闭，310 万工商户注销，就连大公司也难以幸免。香奈儿宣布部分地区停产，维多利亚的秘密破产，贤合庄永久关闭 270 家连锁门店，拉夏贝尔被债权人申请破产……

大企业的现状令人嘘唏，小实体店更是举步维艰。

2020年1月,全国口罩告急,我们厂作为陕西省首家特批的医用口罩生产工厂,每天不断被各方催货、投诉,大量的客户流失。这让我开始思考未来的出路。

卖口罩是微利生意,我真的只能靠到处求人达成订单吗?在寻找出路的时候,我咨询了很多业内外的专家。我突然发现,同样是做生意,为什么实体经营者如此卑微?而那些专家、顾问的几句话却价值千金?

自己这几年参加了各种各样的学习,可少有用武之地,如何证明自我价值,通过专业赋能他人的同时,获得快速成长?转型线上似乎是最短的路。

感谢这次灵光乍现,让我在众多企业纷纷倒闭之际,找到了对的路,顺利度过寒冬。

如果此刻你也正在寻找逆风翻盘的机会,不妨看看我从卖口罩转型做私域增长顾问的故事。

逆风翻盘,在寒冬中开出花

在决定转型后,我第一时间注册了新公司,取名"锦润墨邦"。我的长期规划是,线下连锁店供应医疗物资,线上社群提供咨询服务,线上线下全面开花。

在人人争着入驻抖音的时候,我却瞄准了视频号这片蓝海,甚至在视频号粉丝为0时,我就大胆开启直播。没想到,第一场直播带货成交金额就超过了1万元!那一刻,我信心满满,甚至觉得自己将是视频号的头部主播。

随后我一口气做了50场直播,但结果不尽如人意,用现在形容电视剧的话来说就是:"开头精彩,后面烂尾。"

这让我意识到做一位主播真的不是件容易的事!做直播不是能开口说

就行，还要掌握直播节奏。怎样才能赢得观众喜欢？怎么说才能够找到观众的痛点、产品的亮点，引发观众下单？直播节奏、脚本打磨、情绪状态……方方面面都需要反复练习。

为此，我加入各种训练营、社群，学习直播技巧，向牛人学习。慢慢地，我的直播开始有起色。身边的伙伴们把我当作示范者，借用我的经验和方法通过直播获客。在此过程中，我渐渐被更多人看见，很多人提出付费向我学习直播技巧。这让我不仅对自己转型线上更有信心了，也让我开启了帮助他人线上转型之路。

我帮助因为疫情被迫停业的母婴店经营者，成功激活多位老客户，还帮助该店解决了库存积压的问题；帮助在家带娃的宝妈通过学习短视频剪辑，实现"技能+兴趣"变现，找到自己的定位，发展成优秀的剪辑师。

一张张亮眼的成绩单，让我认为自己已经摆脱了只会卖口罩的卑微身份。正在我想象着靠直播站上更大舞台的时候，现实浇了一盆冷水。

客户向我提出的咨询越来越专业、越来越有深度，如怎么打造个人IP、怎么做个人品牌，如何制订完整的直播操盘方案……面对这些专业的问题，我越来越力不从心，流失了一些客户。

《能力陷阱》告诉我们：你的优势会限制你的发展。我进入了这样的怪圈：我获得了视频号直播的红利，有了点成绩就自认为可以教任何人，但其实我在其他方面无法突破，我的认知太有限使我的转型遇到了瓶颈。

在我长时间陷入消极时，朋友的一段话点醒了我："你参加了那么多训练营，收获了那么多的知识，也有那么多人咨询你，为什么你不自己开发课程，教别人转型用视频号做私域流量变现呢？"

于是我不再局限于个人直播，而是开始学习如何做课程研发、个人品牌咨询顾问；逼自己进入各个领域学习，深耕私域流量变现。在掌握了大量的方法论之后，我顺利推出"墨梅私域增长圈"课程。

这一次我不再闭门造车，而是不断打磨课程，购买课程的学员从1个、10个、100个，快速突破了200个。直播不到一年，我的视频号就积累了2万多个粉丝，其中有6000多个粉丝主动添加了我的个人微信。

这是我在寒冬中开出的第一朵花：**开发课程，找到了私域变现的路径，实现增值创收**，同时打造了个人品牌并提升了个人品牌的影响力。

是危机，也是机会

因为自己淋过雨，所以想为别人撑把伞。转型成功之后，我的内心其实一直有个想法：既然我能帮助一些人变现，为什么不帮助同行或者实体门店经营者？用我的方式，帮助他们在危机中找到机会。

当某市最大的医药零售连锁企业（以下简称 B 药企）找我做增长顾问的时候，我趁机给他们做了一场主题为"视频号直播让门店如虎添翼"的培训，我的转型因此更上了一个台阶。

很多人可能不知道，即使是连锁大药房同样面临着没客流、货品积压的问题，为了更好地解决这些问题，我深入该企业做调研。调研中，我发现了两个问题：第一，店员恨不得让顾客把药店当超市逛，打出各种促销力度；第二，恨不得让顾客把药当饭吃，推荐一大堆药。这导致大多数顾客对药店"要并反感着"。

于是我给出了两个策略。

第一个策略：把社群做成百姓身边的"健康顾问"。

比如在社群里进行"健康常识头脑风暴"游戏，让大家在玩游戏的同时顺便学习健康生活知识，不仅能活跃社群气氛，还能销售产品；在社群里，让店员每天分享健康知识、生活常识，并发起趣味小游戏，增强顾客黏性。

第二个策略：从 0 到 1 搭建直播体系。

在大街上吆喝就有生意的时代已经过去，我们要顺应潮流，要时刻关注大家都在玩什么。在全民直播时代，自然不能错过直播，因此懂得直播卖什么、怎么卖就很重要。

我们不能一上来就推荐一大堆药品让顾客自主下单。前期我建议 B 药企打造健康顾问的定位，不卖东西，而是分享知识，比如高血压应该怎么吃？保健品真的能治病吗？

顾客觉得在直播间里能长见识，自然也就愿意停留下来看直播。

下一步店员可以和顾客进行连麦，找到每一位顾客的痛点并为其进行分析解答，对症下药，让大家知道店员是专业的。店铺的流量和销售业绩也就得到了提升。

作为增长顾问，我从直播前的账号筹备、物料准备、直播方案，到直播中的场控、分工、流程，再到直播后的社群返场、复盘优化等，都事无巨细地亲力亲为，还形成了 SOP 文档以便于复制迭代。

为传统连锁药企找到了业绩的突破口，也让我在做生意的同时找到了更大的意义。

我在寒冬中开出的第二朵花：个人品牌标签再升级，成为行业增长顾问、IP 项目操盘手。

活下来，并活得更好

我从一个卖口罩的工人转型为一个为传统企业服务的增长顾问。我从主播到课程开发者，最后成为顾问、操盘手，走了很多弯路，但所幸一切都有了好的结果。

我通过转型做增长顾问，实现年营收 6 位数，这是卖几百万个口罩才能赚回的利润；我为连锁门店做私域搭建培训，帮助门店一天获得 15 万元的货款；我为海外华人教练操盘里程碑事件，咨询费达到 5 位数……

更重要的是,我勇敢地突破,从一个社群、一门课程进入了更大的世界。比如我的一位教练客户在美国,尽管我们有 12 小时的时差,但是彼此间的沟通非常顺畅,我们彼此信任并达成合作。在这段时间,我们一直互相滋养,互相成长。这让我明白了一份有价值、有意义的工作是可以实现共赢的。

很多人都是在一次次观望中错失了机会,而我很庆幸自己在疫情寒冬下坚决转型,活下来并活得更好,我还因此找到了自己的使命和愿景——用新媒体工具赋能实体门店经营者,做业绩增长的强大引擎。

如果你问我,我能带给你什么?我用三句话总结:

认识墨梅,让你在直播带货中少走弯路;

了解墨梅,开启转型破局之路;

联系墨梅,拥有一位贴心随行的操盘手顾问。

我是墨梅,很高兴通过这篇文章认识你!

李海申

DISC+讲师认证项目A16期毕业生
DISC+社群联合创始人
社群运营操盘手
互联网产品经理

扫码加好友

李海申 BESTdisc 行为特征分析报告
CD 型
1级　私人压力　行为风格差异等级

DISC+社群合集

报告日期：2022年09月05日
测评用时：07分29秒 (建议用时：8分钟)

BESTdisc曲线

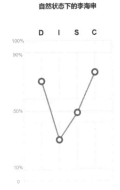

自然状态下的李海申

工作场景中的李海申

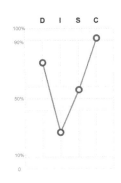

李海申在压力下的行为变化

D-Dominance(掌控支配型)　　I-Influence(社交影响型)　　S-Steadiness(稳健支持型)　　C-Compliance(谨慎分析型)

　　李海申是个当机立断、积极进取的主动开拓者。竞争、使命、责任是他在生活工作中的关键词。他会坚定不移地推动自己和他人为取得成果而努力。他不怕挑战，坚强有力，善于通过洞察和分析解决问题，从而达成具有挑战性的目标。

私域创富，五步快速启动私域流量

8个月积累数十万名活跃用户，资深操盘手告诉你，获取流量没那么难！

最近几年私域流量异常火爆，企业为什么开始愿意花钱投入私域？究其根本，私域已经成为企业的核心资源！

私域流量的思维打破了传统的市场理念。传统的市场推广中，广告投放与线下销售，一个在天上飞，一个在地上跑，难以量化评估。而私域流量搭建了一条企业低成本反复触达用户的通道，使品牌传播和业绩增长高度融合，投入产出数据易量化。掌握私域流量，企业就掌握了低成本、高效率应对市场的盈利能力。

2020年初，新冠疫情加速了教育培训行业布局私域流量的进程，在夹缝中艰难生存的知识创业者开始布局"属于自己、免费获取、反复触达、持续转化"的私域流量池。

操盘过拥有数十万名活跃用户的私域增值项目后，我越发感受到快速启动私域创富对于打造超级个体的重要意义。

成为私域项目操盘手

2022年，是我在企业管理咨询行业摸爬滚打的第十一年。前4年，我们的业务推广模式还是以线下活动为主,在全国各个城市举办一日商学院、销讲会、论坛、高端峰会、大型年会等,通过这种方式拓展客户。

但是,从 2014 年开始,行业的互联网业务拓展营销不断强化,小米、樊登读书、罗辑思维等社群运营模式吸粉无数。随着营销推广方式转型大潮,我们也抢抓机遇,开始做线上引流、公众号运营、微信营销。

比如,2015 年我们打磨了一堂 365 元的线上课程,通过对用户画像分析,在微信社群中运用自动分销模式推广。课程得到了第一波传播用户的高度认可,这成为转介绍和裂变的关键。

看到转介绍带来的巨大流量,我大胆创新设置,使用直接推荐分成 5%、间接推荐分成 15% 的反常态激励规则,激发第一波用户的分享动机,让他们更好地服务自己推荐的朋友,从而获得更高的额外收益。

一系列运营策略创新优化,使微信社群用户传播产生了极大的裂变效果,课程推出的次月,线上业绩就超过了所有 12 家分公司当月的线下业绩总和。我们的这款爆品课程为私域社群的建设打下了基础,通过 6 年多时间,我们的社群会员从最初的 1000 人快速裂变,超过 15 万人。

2021 年 3 月,我再度操盘财商教育"财富罗盘"项目,通过私域运营的方式,建立了新的国际化学习私域社群,8 个月发展了超过 18 万海内外用户,这也成为 2021 年度小鹅通知识付费平台的标杆案例。

通过不断的实操演练,我主导运营的项目给企业带来了稳定的业绩增长,带领的团队多次获得集团嘉奖。

那么,到底是什么让我和我的项目取得了巨大成功呢?这就要从快速启动私域流量运营体系说起。

五步快速启动私域流量运营体系

快速启动私域流量运营体系,其实只要通过"做定位、磨产品、搭团队、获客户、促增长"五步,就能取得成效。

第一步:做定位。

俗话说:方向不对,努力白费。做定位要回答以下两个问题:为谁解决什么问题?提供什么样的产品满足客户需求?如我们推出的"财富罗盘"项目是脱胎于经典商学院课程 Money&You,致力于帮助人们复盘过往经历、修正思维误区、推演未来发展,从而实现富中之富的平衡人生。财富思维是个人成长的人生必修课,我们的"发现之旅"课程提供了驾驭财富的思维方式和财富罗盘工具,满足了广大人群的刚需,为快速定位打下了扎实的基础。

第二步:磨产品。

从产品的设计原则来看,磨产品:第一要打造爆品,用最优的价格卖最好的产品;第二,要不断地推出新产品满足客户迭代的需求。

从产品的递进原则来看,应打磨承载不同目标的四类产品。引流产品:通过加粉,实现转化;低价产品:通过一次性低价交易建立用户关系;明星产品:能够给企业带来盈利的产品;合伙产品:企业通过合伙产品与客户建立长久的合伙人关系。

从产品复购原则来看,打磨产品时应注意四点:产品必须有复购属性,比如年度会员;客户购买低价产品后愿意购买高价产品;产品交付效率比产品数量更重要;要设计简单的转介绍机制,操作越简单,转换效率越高。

第三步:搭团队。

根据企业所处的私域发展阶段、企业在私域团队上的投入程度,我们可以将私域团队搭建分为创始模式、团队模式、代运营模式。

创始模式,更多采取运营主管+社群运营的模式,即1人负责社群运营,面对客户,1人担任运营主管,负责后方的各种配套支持(策略支持、内容支持)。

比如,企业处于私域启动期时,资源和人手比较有限,需要用比较低的成本,让小团队快速切入、验证,这时,更适合采用运营主管+社群运营的创始模式。创始模式也是我运营过的很多项目最常采取的模式。

团队模式，包括了前端营销、中间运营、后端系统。

前端营销，指的是前端的社群营销团队、服务顾问、客服等，负责私域客户的拓展、承接、维护、转化，将各渠道的客户引流到私域社群。

中间运营，负责制订产品介绍话术、制作精美海报图片、策划限时优惠活动等，一般由内容运营、活动运营、渠道运营、品牌运营等岗位组成。

后端系统，借助系统平台高效收集数据、分析数据，为精细化数据运营提供决策支持，例如企业微信的管理后台。后端系统记录客户产生的详细数据，帮助企业分析客户画像和各类客户的消费偏好。

代运营模式，多采取项目组的方式推进。

项目组由企业高层指定有私域运营经验的项目负责人，制订运营指标，提供运营资金。项目负责人独立建立团队、制订策略或者与第三方合作，以达成运营指标。

第四步：获客户。

对于刚刚起步做客户积累的创业者，如何找到客户并建立联系，是最令他们头痛的问题。对此，我的回答是：创业者积累客户不易，私域运营注重长远而忠诚的客户关系，私域运营使创业者与客户紧密互联。

最近，就有伙伴向我咨询：传统演讲培训事业刚起步，接下来该怎么拓客？我建议他分三步走：

第一步，锁定客户，启动企业微信，拓展客户；第二步，建立信任，收集见证及客户评价，建立与客户的反馈机制；第三步，善用平台，寻找自带服务工具的行业解决方案供应商。

我们帮他将企业微信和学习平台的数据打通后，他的演讲课程可一键触达客户微信，从锁定客户到口碑沉淀，再到产品转化数据一目了然，极大提高了运营效率。现在，他不仅快速积累了大量客户，也已经顺利从成人培训拓展到新赛道——青少年演说培训。

第五步：促增长。

我建议个人 IP 创业者使用第三方平台促增长，比如知识产品私域运营平台"小鹅通"、零售商品全渠道私域营销平台"有赞"、短视频直播平台"视频号"等。

这些平台拥有丰富的促增长方案和工具,提供了从公域平台引流,到直播互动、营销转化,再到私域留存、用户复购的一站式数字化转型解决方案。

善用第三方平台还能有效降低成本,为企业赋能增效,比如全平台内容数据分析平台"新榜"、直播电商数字化决策平台"蝉妈妈"、软件研发管理平台"coding"、在线图片编辑服务平台"图怪兽"等。使用这些第三方平台能大幅提高工作效率,降低成本。

时代在变,只有轻资产、重私域、小公司、大用户才能在未来活得更好,只有善用私域流量,未来才大有可为。

无论你是想借助私域流量提升企业业绩,还是正在试验私域营销模式,或者有客户资源,或者有产品,但不知道怎么开展私域运营,想四两拨千斤地快速开始利用私域流量创富,请联系我。

我在这里,愿意用数十万名活跃用户的操盘经验,陪你一起找到最快的解决方案。

不 二

DISC+讲师认证项目A16期毕业生
国际上市集团中国区高级培训与发展经理
领导力培训师
沙盘游戏咨询师

扫码加好友

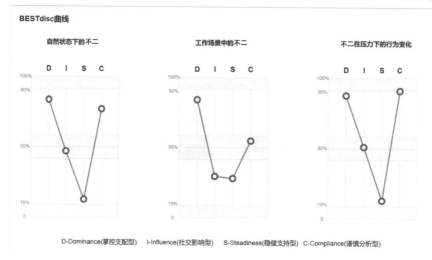

不二目标明确,直率果断,自驱力强。大多数情况下,她擅长发挥清晰的逻辑思考能力,擅长利用自身的知识和技能,快速决策,明晰计划,有序高效推进目标达成。她不怕挑战,积极进取,乐于创新,通常在团队中扮演着主动开拓者和引领者的角色。

逆风飞翔:借势成长突围

人生那么美好,不要把时间浪费在无谓的弯路上

从最年轻的国际集团高级经理,到培养更多高潜人才,我靠的不是运气。

你是否也有过这样的经历:初入职场,踌躇满志,期待在职场大展拳脚,却无从下手或屡屡受挫;明明工作非常认真努力,也积攒了经验,但是升职加薪都没有自己的份;期盼已久的机会好不容易来到面前,自己却看得见,抓不住;明明想做一个好上级,然而事与愿违……

如果是,那么,你并不孤单,我曾经和你一样。

只是我比较幸运,从事的是培训和发展工作,十几年来接触了各种各样的国际知名课程,如高效能人士的七个习惯、关键对话、MBTI 职业性格测评、辅导教练等等,也有很多管理培训生、管理者的人才发展方面的实践积累。

这所有的一切让我在 10 年内从职场小白(实习生)成长为这个国际集团中国区高级培训与发展经理,也是公司里最年轻达到这个职级的人。

我相信,你也是完全可以的。

以下是我自己亲身经历的故事,希望能够对你有所启发。

每一次摔倒,都是成长

工作第三年,觉得自己做培训主管都做成多边形战士了:各项工作都能搞定,还多次受表彰,工作评级也都是最佳。当时集团内部筹建一个子公司,我想着自己申请培训副经理应该是十拿九稳的。

结果,我失败了。

面试我的人力资源总监玛姐很直白地对我说:"作为培训主管来说,你是很优秀的,但是,我现在需要的是一个负责人,这个职位所需要的核心能力如授课、人才培养、管理能力等,你到目前的工作经历里都没有涉及,所以我目前只能给你资深主管的职位,看你接下来的表现,再考虑提升。"

她让我第一次认识到:**有了经验 ≠ 升职加薪,重复的经验,边际价值递减**。

工作第四年,玛姐在和我合作的过程中很快发现了我的潜力,开始想各种办法给我找机会,想让更多的人看到我。当时区域有个高潜人员项目——旨在选拔一些青年管理者,然后将其在五年内培养成子公司总经理。在玛姐的大力举荐下,我得到了参加面试的机会。

结果,我又一次落选了。

我面试的时候,玛姐就在现场。面试完后,她出来就问我:"那个问题你怎么卡住了呢?你就把你平时做事的思路告诉他就好了啊,你明明就是那么做的,怎么说不出来……""可是我并不知道他那个问题是想要问什么啊……"

这一次落选,教会我:**机会来临 ≠ 手到擒来,思考的维度决定了职场的高度**。

我在工作第五年时,带了一个下属。可是我看她做什么都差点意思:这个视频做得不好看,这个报表做得也有错误,连跟部门沟通都显得那么稚嫩……

最后,我对她最经常说的是:"放着我来吧!"

于是,我成为最后一个下班的人……不仅仅是自己完全没有个人时间,有时候甚至会连玛姐交给我的活都来不及做,而这个下属还觉得心安理得,早早下班走了……

终于有一天,玛姐找到我:"我付给你经理的工资,不是让你干助理的事情!你要学会把你手上那些技术的部分教给你的员工,然后你才能有精力去学做管理的事情。"

又一次,玛姐点醒了我:**放着我来≠管理下属,管理者最重要的是发挥团队的力量,让别人更好地做事。**

在玛姐的一路引领下,我逐渐明白:公司对于不同职位的胜任力要求是不一样的;要了解相应职位的要求,然后要有意识地提前做好准备,去展示自己;管理员工有很多方式方法,不能一味拿回来自己做。得知真相的我后悔不迭:如果当初早知道这些,就不会浪费那好几年的大好青春了……

为此,我专门问过玛姐,为什么愿意花这么多精力培养我。她指了指墙上挂着的人力资源愿景——为整个行业培养人才,说:"自己成长到一定阶段以后,你会发现培养人才是一件更值得长久投入的事情。"虽然当时不是特别懂,但是那颗种子就那么落在我的心里了。

独善其身不如成就他人

工作第六年,同事娜姐在聊天中说起了自己目前因为角色转变而陷入了百般困扰:每天加班,时间不够用,工作生活严重失衡;并且同事不支持,家人不理解,自己内心还有愧疚感和挫败感。"我都在想我这一步是不是走错了？感觉我自己根本没有能力应对这些……"

我给她分享了我自己之前学习的"帮帮你的新经理"的故事。

"这里面写的不就是我吗？"娜姐惊呼。

"其实，每一个从自己做事到带别人做事的管理者，都会遇到这样的一个阶段，所以不是你个人的问题，这是一个必要的转折，需要做思维转变和过渡计划。而且，越是在这样的时候越是要寻求更多人的支持和协助，不要埋头自己一个人钻牛角尖。还有，我们每个人都有不同的人生角色，特别是在自己上有老下有小的时候，如果把工作变成自己生活的全部，这种失衡带来的风险是很大的。"说着说着，我突然觉得自己有点像玛姐了。

然后我们一起梳理了一下平稳过渡的转型计划：工作上，理清思维，转变的几个注意事项和补充需要的技能；生活上，规划自己的各种角色，每周至少给每个角色安排一件事情，但是可以整合一起安排，比如安排和老人孩子一起爬山，这一件事可以覆盖到自己作为母亲、女儿的角色，同时自己还锻炼了，事半功倍……

如此这番聊下来，娜姐抓着我都快哭了："你说的这些真的太有用了！我为什么没有早一点跟你聊！就不用内耗自己那么长时间了！"

很多年过去以后，我跟娜姐都还是会想起那个夜晚来——两个加班人无意中的一次谈话，她，找到了破局的路；我，心里那颗在之前似懂非懂时刻播下的种子，突然就发芽了：**原来有很多人跟我以前一样，因为不了解、不懂得而在职业旅程中行走得异常艰难，而我不仅可以独善其身，也可以通过我的努力去成就别人。**

用生命影响生命

在接下来的几年里，我开始学习越来越多的管理学和心理学方面的知识,并且自己践行,积累实战经验。不断输入的同时也在不断输出,给几百个分公司的数千人讲授领导力方面的课程,培养了数百位分公司培训发展负责人,同时还带教管培生……

看着认真努力、朝气蓬勃的管培生,就像看到了当年的自己,而看到他们满腔热血又不知该往何处努力时,我更像和他们一起重温了那段懵懂的职场新鲜人之旅。

比如,最近一年带教的张同学。他是一个95后的年轻人,毕业后参加的集团18个月的管培生项目刚刚结束。从原来有人带着做,到现在自己独自负责培训发展工作,尽管很有意愿探索更多的可能性,也很愿意学习和尝试,但目前经验和能力都不太够,所以对发展和努力的方向都很迷茫。

于是,我和他相约促膝长谈,结合他的实际情况,我给他建议:"因为你已经具备基础职能知识,所以后续思路很简单。第一,转变思维成为管理者,先学习管理知识再通过项目实践锻炼;第二,让更多的人看到你,以争取更多的机会。"

听完,他颇有豁然开朗之感,在我的建议下,用不到一年的时间先后参加了团队管理、辅导教练、个人效能等各种管理培训课程;他借由领导区域学习发展年会项目,在其他子公司的同仁面前获得了认可,一举成为区域的年度学习与发展新星;并在此基础上被中国区管培生团队看中,选为管培生宣传大使,参与区域管培生支持项目组,最后借由这些额外的努力和成果,被评选为区域季度优秀员工,被区域青年商会负责人看中并培养,得到直属上级和总经理的赏识,加入高潜人才培养项目……

当他向我报喜时,我比他自己还高兴,对他说:"现在你知道你的可能性是什么了吧?"

"谢谢莉姐,要不是你的鼓励和推动,并且在这个过程中不断给我指导、带着我复盘总结,我根本不会成长得这么快,还不知道会在不断的自我怀疑和原地瞎摸索上耽误多少时间呢……"

看着他激动的神情,我终于理解玛姐当年对我的培养,体会到那种帮助他人成长带来的巨大的自我成就感——我影响了另一个生命,并且他还会去影响更多的生命。

　　这就是我从被引领成长到引领他人成长的故事。很多时候,我们在职场迷茫、困惑,甚至是自我怀疑,常常因为思维的界限和经验的缺失限制了想象,走上了弯路;而找对领路人,就能让你快速摆脱瓶颈,实现弯道超车。如果你也有一样的困惑,我愿意成为一名向导,助你一臂之力,开启一段不一样的旅程!

　　人生这么美好,希望你不要把时间浪费在弯路上。

陈利娟

DISC+讲师认证项目A16期毕业生
国家一级人力资源管理师
国家二级心理咨询师
大型制造业资深HR

扫码加好友

陈利娟 BESTdisc 行为特征分析报告
DS 型
7级　工作压力　行为风格差异等级

DISC+社群合集

报告日期：2022年09月05日
测评用时：10分52秒（建议用时：8分钟）

BESTdisc曲线

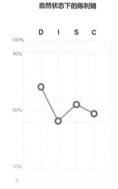

自然状态下的陈利娟

工作场景中的陈利娟

陈利娟在压力下的行为变化

D-Dominance(掌控支配型)　　I-Influence(社交影响型)　　S-Steadiness(稳健支持型)　　C-Compliance(谨慎分析型)

陈利娟沉静、友好，内心强大坚定，是当机立断且强势的主动开拓者。她不畏竞争和挑战，在获得充分授权的情况下，更容易被激励。工作中，她以身作则，表现出较强的目标感和技术性专长。她适应能力强，大多数时候能够根据外界环境变化，灵活调整自己的行为方式，从而取得理想的结果。

普通人如何写好人生的赢字?

中专小护士逆袭成HR发光体,活出赢的人生!

小时候写"赢"字很困惑,一个字怎么能有这么多笔画?这个字如此难写,做到何其艰难?成年后,随着阅历的增加,我逐渐理解了这个字的丰富内涵。

赢,无不是历经困难险阻、风霜雨雪后的绽放、成就。

赢字虽复杂但分解来看它可以由五个简单的字组成:亡、口、月、贝、凡。这五个字简单而又意义不凡,同时也告诉我们,可以把目标分解,然后从易到难地达成一个个小目标,最终达成总目标。

作为一个普通人如何写好自己人生的赢字?如何活出赢的人生?也是我一直在探索的。

面对:平凡、平庸、瓶颈

我是一个从小生长在江苏小县级市的平凡女孩。我12岁那年,父亲因病去世,治疗期间花光了家里所有的积蓄,生活困难重重,母亲辛苦拉扯着我和弟弟长大。

我是芸芸众生中的大众脸，容貌普通，成绩普通，没有特长，没有资源。面对自己的平凡、平庸和家庭变故，我一次次面对镜中平凡的自己，幻想自己是拥有盖世武功的绝色仙子，在现实和幻想中度过了混乱和混沌的青春期。

在这样的混沌和迷茫下，我中考失利，没有考上重点高中。直到因为家庭经济压力，无法继续学业，我才幡然醒悟，意识到必须改变，必须行动起来。

中考结束后，我孤身一人在骄阳似火的酷暑一趟趟地跑教育系统递交申请，说明家庭困难。为了可以早日工作以解决家庭的困难，我请求将已被普通高中录取的档案重新投档到中专学校。

起初只是想试试，结果我的不懈努力打动了教育系统的领导，我如愿办成了这件事。

我第一次体会到：有想法就要去做，办法总比困难多。

于是，我以高出学校30多分的投档线进入中专卫校学习。这成为我人生路上的第一个转折，在懊恼、悔恨、焦虑、危机感的多重冲击之下，我从混沌的青春期中走了出来，有了当时的第一个目标：在中专毕业时，通过自学考试，同步拿到大专文凭。

为了这个目标，我熄灯后搬板凳躲在厕所做题，每天比舍友早起，到教室学习，吃最便宜的饭菜，尽最大的努力。功夫不负有心人，我终于实现了目标！

4年里，我除了本身的学业，额外18门自学课程全部通过，中专毕业的那年我拿到了宝贵的大专自考文凭。那一年，我从卫校毕业，成为一名护士；我的弟弟成了当地高考状元，被清华大学录取。为弟弟感到开心的同时，我也在心里暗暗下定决心：我虽上不了清华，但也要活出赢的人生！

职场的第一个8年，我是一名护士。工作驾轻就熟，但我遇到了新的困扰，每天都在重复简单的工作，没有挑战，也找不到方向，这让我无比焦虑。

比我大10岁的同事基本上每天围着药品，谈论着生活琐事，上班下班一天就过去了。这绝不是我想要的生活！我必须改变,必须行动,我想要去更高、更远的天空下飞翔!

认知自我是困难的,认知到自己的平凡更需要勇气,但认知、接纳能激发改变的动力。意识到自己不完美、不优秀,才会促使我们主动去寻求改变,以期变得更好、更优秀。

活出赢的人生、赢的状态的第一条:认知自己,改变自己。

对策：努力、尽力、精力

面对瓶颈,我挣扎着尝试改变。那时候我在一家大型企业的卫生所任护士,生活两点一线,网络也没有那么发达,见不到更多的样板和参照,但好在相比医院的护士,我的工作更加综合,更偏向企业化的职场。

当我正为未来焦虑不安、迷茫纠结的时候,我见到了和我年龄相当、出入办公楼工作的 HR 同事,他们着装精致、侃侃而谈、自信专业、青春洋溢,这么美好的工作状态让我顿时萌生了想成为一名专业 HR 的念头。

于是,我又一次投身自学考试,修完了人力资源本科的所有课程。幸运的是在获得毕业证书的第二年,单位人力资源部内部招聘一名 HR 专员,我兴奋地报名参加,一路披荆斩棘通过笔试面试,从几百人的竞争中脱颖而出,如愿以偿获得了那个 HR 专员职位。

这次经历告诉我:机会是留给有准备的人。

我复盘竞争为何能赢,有三点至关重要:

第一,目标坚定。为了实现做 HR 的这个目标,坚定不移地努力。面试我的 HRD(人力资源总监)后来告诉我,当时面试时,有的人说自己就是来试试,而我却说,我相信通过自己的努力一定能胜任!

第二，真诚呈现。沟通技巧、呈现能力这些都是外在的形式，而最能打动人、最有效的秘诀则是真诚和真实。

第三，积累沉淀。"不积跬步，无以至千里。"一方面，我修完一门门自学考试的专业课程，并获得了文凭；一方面，我在护士岗位上兢兢业业地工作，并没有因为想要转行而忽略当下的工作，所以每年的业绩考核都是优秀。

职场的第二个 8 年，我实现了自己的又一个小目标，成为一名 HR 专员。

转型进入 HR 行业，从毫无行业经验的"小白"，到业务骨干，到国家人力资源二级管理师、一级管理师，国家三级心理咨询师、二级心理咨询师，一步一个脚印。然而做了 HR 7 年，我轮岗了多个岗位，仍旧是个专员，这让我再次感受到了危机。看得到的岗位都没有空缺，想要升迁，谈何容易？这让我迷茫，我害怕再一次找不到发展之路。

既然看不清未来，那就按照我以往的经验，看书学习、积累沉淀吧。没想到，不久，我迎来了职场的第二次转折。单位的 HR 组织正处在转型期，部分 HR 有机会被外派至马来西亚的共享中心工作。但面对新的模式，背井离乡，回来后还不知道原来的岗位还在不在，当时是没有人愿意去的，而我毅然选择了迎接挑战、拥抱改变。

在我的孩子三岁这一年，我被外派到马来西亚工作。一年的时间不长也不短，我感受了多元的文化氛围、国际化的工作环境，同时也经历了人生的磨砺和困难。

明天和意外永远不知道哪一个先来，我的公婆带孩子来马来西亚探亲期间，身体向来康健的公公毫无征兆地在睡梦中离世。异国他乡遭此变故，我在公司的帮助下，及时妥善地处理好所有事情。这种应变能力，后来也迁移成为自己强大内心的一种力量，同时，无形中也帮我养成了风险管控的意识。此后，我在处理工作中的问题时，更加地果断细致。

变故让我更加珍惜家人，关爱身体健康。对于没有资源、没有助力的普通人，要想有所突破，充沛的精力和健康的身体是我们的基本保障，那么锻炼身体,保持良好的状态就是活出赢的人生的首要保障。

这是我职场的第二个转折点,拥抱改变,获得新生!

活出赢的人生、赢的状态的第二条:努力、尽力、精力。

觉悟:态度为先、坚持不懈、方得始终

当下,我正经历职场的第三个 8 年。

HR 从业第八年,我在 HRSSC(基础事务共享中心)、HRCOE(专家中心)、HRBP(业务合作伙伴)各个业务模块均有所历练,担任过事业部整体营销体系的 HRBP(人力资源业务合作伙伴),在变革期协助 HRD 完成了组织架构、人员优化调整等多项复杂任务。

HR 从业第九年,我被提拔承担管理岗位的职责;HR 从业第十年,我成长为单位人才发展负责人,负责人才发展、组织发展、培训等工作。2022 年是我 HR 从业的第十一年。

俞敏洪老师说过:"你们 5 年干成的事情我干 10 年,你们 10 年干成的事情我干 20 年……如果实在不行,我会保持心情愉快、身体健康,到 80 岁以后把你们送走了我再走。"

基础不好、没有资源、学历背景不够优秀,没有关系,关键是我们的心态和信心,如果有积极的心态,相信自己可以做到,相信相信的力量,并坚持不懈地努力,终将摘得胜利之果。我把一手稀烂的牌逐渐理顺,虽然谈不上逆袭,但对得起自己,无愧于人生。

我在践行工作、自我成长的同时,还和孩子共同成长,英语零起点的我培育了一个双语孩子,也收获了副产品:自我的加速成长。我创办了自己的公众号:巴蒂妈妈课堂,记录了孩子英语启蒙和自我成长之路,督促自己不

松懈,成为孩子的榜样。其间,我每天5点起床,坚持写一篇推文,并带领志同道合、追求进步的妈妈们一起学习。

1.01 的 365 次方约为 37.8,你知道 1.02 的 365 次方是多少吗? 1377.4! 虽然只是 0.01 的差别,但是日积月累下来,最终的进步是巨大的,每天进步一点点、日积月累、滴水穿石,总有一天会看到优秀的自己。

正是这样的坚持和努力,让我和知道我的人感受到了生命的力量。生活可以更加精彩,守护你内心的火苗,让激情的火苗燃烧,让生命的力量尽情释放,过无愧于自己的一生。

活出赢的人生、赢的状态的第三条:态度为先、坚持不懈、方得始终。

我坚信,普通人一样能写好自己的人生赢字,活出赢的状态、赢的人生。

希望我的经历和感悟,能让你和我一样,有信心对自己说:加油! 我一定能写好自己人生的赢字!

李颖敏

DISC双证班F69期毕业生
DISC+社群联合创始人
凤尾竹企业管理公司创始人
助力青年成长的咨询培训师

扫码加好友

李颖敏 BESTdisc 行为特征分析报告

CIS 型

0 级 无压力 行为风格差异等级

DISC+社群合集

报告日期：2022年08月20日
测评用时：11分56秒（建议用时：8分钟）

BESTdisc曲线

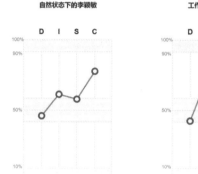

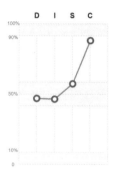

D-Dominance(掌控支配型)　　I-Influence(社交影响型)　　S-Steadiness(稳健支持型)　　C-Compliance(谨慎分析型)

  李颖敏热情阳光，亲切友善，她善于通过有条理的分析判断和主动的影响沟通，来推动目标的达成。在工作中，她表现得更加灵活，积极乐观，会提出独立的想法，也能坦然接受挑战和变化，开展多样化任务。面对压力时，她会更加严谨审慎，来达成所追求的完美结果。

职场人成长三部曲

左手事业,右手家庭,成为职场"吸铁石",战胜挫折,逆风翻盘。

前一段时间,我接到了一个咨询案。这位40岁的来访者的DISC测评报告显示工作压力高达八级,而我了解了她的情况后发现,她现在的身体健康状况堪忧,职场人际关系不和谐,在职场奋斗了十几年才得到的位置也岌岌可危,就连家庭中的夫妻关系、亲子关系也不和睦,整个人的精神状态看起来非常差。

人到中年,你在职场和家庭中的状况,也是如此吗?

其实,这位来访者的情况已经成为许多职场人的真实写照,那么有没有办法帮我们摆脱瓶颈,快速突围呢?

为此,我整理出一套职场人的成长三部曲,通过成为职场"吸铁石",帮助大家走好职场中的每一步。

"吸",吸收营养,专注个人成长

小来原是某集团公司的高管,工作近20年,她从一个普通文员成长为集团公司运营总监,曾创造了公司史上最快的晋升纪录,这其中的秘诀是什么呢?

普通中专毕业生,起点无法与名牌大学毕业生相提并论;普通农村女孩,关系人脉与很多职场宠儿也没有可比性。小来的起点不高,刚参加工作时,她自卑、胆怯,一跟别人说话就脸红,又不擅长沟通与表达,初入职场时便处处碰壁,是持续学习改变了她的人生方向。

机缘巧合下,一位领导提醒她要多学习,自我成长,因此她除了学习公司相关的制度、文化、质量管理体系及行业发展相关的内容,还自己掏钱报名学习了当时的稀缺技能——电脑五笔打字,她通过了会计、经济师、建造师等职业资格考试,她不断自主学习,实践复盘,每天睡前都问自己:

这一天自己做得比较好的是什么,有什么收获?

哪一件事做得不太好,重来一次,要如何做?

哪个人对我有好的影响,他的优点是什么?

她哪怕不吃饭、不睡觉,也要把工作干好。她像竹子一样,扎根土壤吸收各种营养,不间断地持续学习,专注个人成长,4年之后,她得到了第一次晋升。与她起点差不多、和她同时进公司的同事,还停留在原地,自那时起,她就知道,没有背景的自己,只有通过学习才能改变自己。

"铁",练好硬本领,取得事业成功

快速转换身份,找准自己的定位,是每个新任管理者都要学习的课题。

自从晋升后,她发现周围的环境变了,原来与她关系不错的同事疏远了她,不愿与她一起工作。尽管得到主管帮助,但她承担管理工作时始终存在瓶颈。当她组织部门人员传达公司的会议内容或文件通知时,员工们要么没人响应,要么提出反对意见,这让她既愤怒又委屈。

她用两天想通了,自己身份转换了,原来学习的那些技能已经派不上用场了。于是,她继续学习人力资源管理、目标管理等知识,主动提升自己的组织和管理能力;在带团队时,用 SMART 原则聚焦目标,主动去关注他人的需求,帮助他人,用复盘工具帮助自己不断迭代成长。

DISC 助力团队发展。

这个阶段,她要练好自己的硬本领,保持旺盛的自主学习力,提升学习力转化为生产力的能力、组织管理的执行能力、沟通协调能力等,还必须培养对于管理者而言特别重要的情绪管理能力。她正如《西游记》中的唐僧,不是团队中最优秀的,却是这个团队中最会利用资源进行管理的,能带领团队创造奇迹。

在带领团队时,她必须做到知人善任。

知人 = 对自己的了解 + 对别人的理解;善任 = 个人放对位置 + 团队有效互动。

团队是一个整体,管理者是躬身入局的人,也是通过他人完成目标的人。因此,管理者除了自己的精进提升之外,还要加强对团队成员的了解,把他们放到正确的岗位,为他们创造被看见的机会,让他们去担当责任,勇敢试错。

"石",升级思维,活出自己

随着年龄的增长,小来在组建家庭、生养孩子后,还是非常拼命地工作,成了职场中不可替代的人物,也逐渐触达所在职业的天花板。

这个时候,她遇到了很多的人生难题,她感觉职场中的人际关系越来越冷淡，因为连续加班熬夜、不规律作息和饮食，紧张、压抑、焦虑等情绪压力，她的身体多处亮起红灯；夫妻成了搭伙过日子的人；因为疏于对孩子的照顾和陪伴，进入青春期后，孩子的叛逆令她更加焦虑。

面对无法突破的职场困境，她曾想过改行跳槽，最终因长辈的劝阻，选择了妥协。于是，她开始通过心理学，找到与自己、与世界的和解之路。

37 岁那年，她在上班路上被一辆汽车撞出 20 多米远，这一次与死神的擦肩而过，让她彻底醒悟，要活出自己。**而想要活出自己，就要激发梦想，做自己喜欢的事。**

于是，她拿笔画出了自己的生命之花，写下自己所有的角色，以及在每个角色上投入的时间。透过画图，她不再焦虑，因为她看到了自己的问题：人生不仅只有工作这一件事，每个人至少有健康、事业、财务、家庭、关系、社交、学习、休闲等需求，但大多数职场人士，可能只关注了不到一半的需求。

对工作失去热情，陷入迷茫，找不到人生目标和方向，既不想碌碌无为或"躺平"，又站不起来，这个时候该怎么办？

DISC +社群的张萌学姐在《精力管理手册》中有一个经典的人生十一问：

你想做哪种类型的工作？

你期待的年薪是多少？

你想住在什么样的房子里？

你想开什么样的车？

你想穿什么品牌的衣服？

你希望别人如何看待你？

你想如何帮助他人？

你想变得知识渊博吗？

你希望去看看哪些地方？

你怎样才能获得快乐和满足？

你如何平衡工作、学习和生活？

这十一问的答案,可以作为你未来十年的发展目标,也是你十年后想要达到的状态。通过回答这十一个问题,为自己设置下一站的奋斗目标,开启人生新篇章吧!

可能有人会说,太难了,不知道如何开始,那就问问自己想做什么,当下的自己能做什么,从力所能及的第一件事行动起来。

比如小来,她可以停止自己的情绪内耗,加入DISC+社群,和一群人一起学习,共同成长;看到家里乱了,收拾打扫一下卫生,就是行动的改变;对着镜子练习微笑和赞美,慢慢培养自己的兴趣,帮助他人,快乐自己,就是利他的改变。

摩西奶奶是从58岁开始画画,80岁大器晚成被世界看见;褚时健74岁二次创业,84岁成功建立褚橙品牌。只要有梦想,什么时候开始都不晚。

人生如"石",从接纳不完美的自己开始,要学习哲学,升级思维。

职场中的小来,本来积极外向,后来随着职位的晋升慢慢变得敏感多疑起来,也不那么自信了。

其实,很多时候我们对外界的不满,可能大多源于对自己的不甚满意。人生最难的修行,多半是接纳不完美的自己。

其实,不完美才是我们的常态。人生如"石",菜市场的磨刀石值20块钱,摆在博物馆里的化石价值连城。平台不同,定位不同,人生的价值就会截然不同。"我"是一切的根源,要想改变一切,首先得接纳不完美的自己。

海峰老师说:"独处时,照顾好自己;相处时,照顾好他人。"小来说,她很庆幸能跟随海峰老师学习,成为DISC+社群的毕业生。在学习中,是哲学的启发让她慢慢升级思维,活出了真实的自己,状态越来越好了。

无论是职场培养新人,还是养育孩子,都是如此。

管理者(家长)一直管这个、管那个,其实都没有用,管理者(家长)是员工(孩子)最好的榜样,真诚地做好自己,用"我能为你做些什么"的心态对待身边人,就是在影响他人。

其实,职场成长三部曲就是每个人终身学习、践行成长的道场。当我们真正想明白要为谁解决什么问题、提供什么方法时，就已经确定了人生的方向。现在小来已经找到了人生的使命——助力职场青年人成长、成功，并开启了创业之路。她相信虽然道阻且长，但是行则将至。

希望这部职场成长三部曲，帮助你遇见那个更好的自己。

鄢茹郡

DISC+讲师认证项目A16期毕业生

创新培训师

企业创新大赛操盘人

扫码加好友

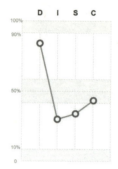

鄢茹郡充满活力，有强烈的目标感和自我驱动力，她做事积极主动，不达目标绝不放弃。她热情诚恳，真实不做作，聪慧乐观，是具有个人魅力的影响者。她也不惧竞争和挑战，富有创造力和探索精神，见解独到，是内心坚定的实干家。

用创新构建职业的安全网和加速器

是等待100年获得顿悟,还是用创新工具15分钟解决问题,你的选择是什么?

提及创新,我们往往会想到乔布斯、华为、大疆等极度创新的个体或公司,似乎只有他们才能让创新发生。我也曾经认为创新只是少数聪明的天才才能胜任的特殊任务和挑战,普通如我只能望而兴叹。

直到那年公司举办员工转正演讲大赛,我的演讲《从阿凡达看产品销售》获得了"内容创新奖",我才突然意识到:原来我也可以创新!

我想,那时我的心中已经埋下了创新的小种子。

我和创新相遇了

在工作了6年,成为集团的培训经理后,我辞职来到英国继续深造。在写研究生论文时,来自以色列的"创新方法论",让我感受到了极大的冲击:原来创新也能有方法!

在经过一番努力后,我成功加入了这家位于以色列的公司,成为其中一名咨询顾问。

虽然在过去6年的工作中,我学习过大量的工具和方法,也有了多年的授课经验,但是面对创新方法论,依旧会惊叹它的神奇——原来创新不是偶然灵感的迸发,创新不仅仅是天赋,也是所有人都可以掌握的工具和方法。

最初接触创新方法论,我是抱着怀疑的态度的,但系统了解后才发现,着实是自己孤陋寡闻了。实际上,对创新方法和工具的研究最早可以追溯到20世纪40年代。经过多年的发展,在以色列这个以创新闻名的国家,人们通过对各类创新方法论进行提炼和总结,得到了一系列上手快、易落地的创新工具,这就是系统化的创新方法。

我的以色列导师Tamar(塔玛尔)告诉我:一旦掌握了系统化的创新,你不仅可以自己创新,还能帮助那些需要创新的公司和个人,帮助他们在自身的工作中产生创新点子、管理创新流程、实现创新项目、打造创新文化。

从那时起,我开启了长达近10年的与创新相伴的故事。

神奇的六大创新工具

其实学术界有不少的创新工具,但有些工具使用复杂,更适合对创新和专利有更高需求的研发人群。作为刚刚开启创新之旅的人,我们更需要掌握能快速学会、应用、获得创新结果的工具。

以色列的系统化创新,就是经过在金融、医药、制造、快消等各行业的创新项目和创新工作坊的实战,充分考虑到了不同岗位、不同场景的需求,总结提炼出的6个能快速获得创新结果的工具。它们分别从"痛点问题解决创新"和"完善现状创新"两个维度切入,覆盖了职场创新的所有情景,在强调工具普适性、易上手的前提下,兼顾了不同群体的个性需求。

借用科学家阿奇舒勒的话:你可以等待100年获得顿悟,也可以利用这些工具15分钟解决问题。

我曾经应用这些工具对创新工作坊进行创新,最终赢得企业的百万元大订单。相信它们也能帮助你打开创新之路的灵感。

第一个维度:痛点问题解决创新。

这是大家最熟悉、应用场景最多的创新机会。当我们在工作中遇到问题、遇到麻烦,特别是用常规的方法不能解决时,我们就必须用新的方法来解决它。在这类场景中,我们有两个工具。

工具一:单一问题解决。构成简单、权责主体单一、结构清晰的问题,往往难不倒各位。

工具二:复杂问题链。它是指由多层关系嵌套的问题链条,权责主体复杂。在工作中,有些问题往往涉及多个岗位甚至多个部门。比如,某半导体公司在创新项目中就提出过这样的真实问题:受国内外运输条件的限制,采购部没能采购到所需的原材料,导致这批产品无法按原定计划生产,HR部门也没能招到足够的临时工赶工期,最终没能赶上合同交付日期,公司违约、赔钱。在这次的违约事故中,到底责任在采购部、生产部、HR部门,还是最初签订合同的销售部呢?如果想做出改进和创新,到底该从哪里着手呢?这时,依靠单纯的拍脑袋很难找到对策,我们就需要科学的复杂问题链工具,帮助梳理出问题的因果关系,找到创新性解决方法。

第二个维度:完善现状创新。

福特曾经说过,如果我问大家需要什么,人们会回答需要一匹更快的马。普通用户不一定能理解专业知识,所以每个行业的从业人员作为岗位专家,有责任以自己工作的现状作为起点,开启创新。

这类创新机会的优势在于:

第一,主动性强,不受制于人。我们不用被动地等待项目出问题,或是客户有了新的需求,而是可以主动地对自己手头的工作进行分析和创新,探索新的创意,寻找无限可能。

第二,对主题熟,挖掘更深入。每个人对自己的工作肯定是最熟悉的,既是这个领域内的专家,也最熟悉最了解项目的各种潜在机会。所以让专家们主动动起来,创新成果一定不会差。就好比现在如果有人问我:"你对手机还有什么期待,你希望手机能有什么创新?"我内心的真实想法是:现在的手机功能已经太齐全了,绝对够我使用了!但作为天天研究手机的专业人士,他们了解科技前沿、行业动向,更有可能让手机再度焕新。

对此,我们也有两组 4 个创新工具可以帮助大家开展这类创新。

第一组:颠覆式创新。这是指一些创新改变巨大、能产生巨大的影响力的创新成果,它包含去除和重构两个工具。

工具三:去除工具,即去除掉一个重要的组成部分。

去除工具非常适合一些十分成熟,甚至有些老旧的产品的创新。这个工具往往能帮助大家突破惯性思维,找到产品颠覆性的突破。例如彩虹糖曾经推出过无色的限量款,就是使用了去除工具。我也曾帮助以色列最大教育 NGO 机构,利用去除工具,获得该国当年教育界十大创新之一。

工具四:重构工具,即将流程分解,并在空间或时间上重组。重构工具是专为流程创新设计的,无论是财务报销流程,还是客户服务流程等,使用重构工具都能得到令人眼前一亮的创新流程。

第二组:渐进式创新,是指能快速在职场内落地,能立即享受到成果的中小型创新,包含巧妙复制和创意关联两个工具。

工具五:巧妙复制,即复制增加某个组成部分,并改变其维度。它的特点在于快速,在项目现场,这往往也是最容易出创新成果的工具之一。比如,我们可以为高跟鞋设计 5 个不同的鞋跟,但是每个鞋跟的高度都区别,这就是运用了巧妙复制工具。

工具六:创意关联,即关联事物或流程的内外部变量,并产生新的**联结和状态**。这个模式特别适用于商业模式和服务模式的创新。例如达美乐比萨,将"送货时间"和"比萨价格"之间建立新的关联,如果配送超过 30 分钟,就免费送比萨券。这就是区别于竞争对手的商业模式,也让达美乐成为全球最大的比萨公司,且外卖收入超七成。

用创新构建职业的安全网和加速器

创新真的这么重要？当然！

在 2021 年年初，万科将"优秀新人奖"颁发给了集团财务部负责催办业务的新人崔筱盼，其催办的核销率达到了 91.44%。当大家纷纷惊呼"为什么会有这样颜值高、能力强的完美新人"时，万科揭晓了她的身份谜底：崔筱盼其实是一位"虚拟职场人"，即我们常说的人工智能个体。

实际上，这已经不是人工智能个体第一次引发大家热议了：蒙牛在元宇宙领域新媒体运营虚拟员工"奶思小姐姐"、活跃于各大媒体平台上的虚拟主播，都让我们真切感受到人工智能从机器后台到前台的转变和快速发展。

你的岗位，能跟人工智能比拼吗？如果能，你的竞争优势是什么？众多专家认为，创新是人类的重要竞争优势之一。

在人工智能可替代万物的未来，唯有创新不可替代。创新，就是我们职业的安全网，也是能帮助我们在职业生涯中走得更快更远的加速器。

不仅如此，各大公司更是早早意识到创新的重要性，在世界 500 强的企业中，有超过 180 家公司将"创新"作为其战略目标之一。

可以说，创新已成为我们职场人必备的核心技能之一，也是让个体能迅速脱颖而出、让组织立于竞争优势地位的撒手锏。

我和创新的故事已经持续近十年，你准备好开启你和创新的故事了吗？

如果在创新的路上遇到障碍，不要忘记，有我和我所掌握的方法论作为你的支持后盾，我们可以共同开启属于自己的创新元年。

第四章

向阳：
人生有光，梦想无价

徐小仙

DISC+讲师认证项目A16期毕业生
青年作家
写作赋能教练
DISC+社群联合创始人

扫码加好友

徐小仙 BESTdisc 行为特征分析报告

DC 型

1级　工作压力　行为风格差异等级

DISC+社群合集

报告日期：2022年09月05日
测评用时：06分40秒（建议用时：8分钟）

BESTdisc曲线

自然状态下的徐小仙

工作场景中的徐小仙

徐小仙在压力下的行为变化

D-Dominance(掌控支配型)　I-Influence(社交影响型)　S-Steadiness(稳健支持型)　C-Compliance(谨慎分析型)

　　徐小仙自信、果断，会积极驱动事情进展。她讲求精确性，对人对事要求甚高，善于分析事实，也善于思考后通过计划、标准、流程，推进目标实现。兼顾结果和过程的她，追求完美，在知识和能力方面严格要求自己，又有非常高的水准，重视自己和别人的知识和专业能力，是使命必达的引领者。

第四章　向阳：人生有光，梦想无价

灵魂有火的姑娘，终会活出自己的精彩

从小城姑娘华丽变身留洋青年女作家，她用灵魂的火，照亮前行的路！

在如今"躺平"风气盛行的当下，很多丰衣足食的年轻人选择一种轻松的生活。我却觉得要反"躺平"，人生就在于折腾、体验、见识及创造。

我认为反"躺平"就在于灵魂中有一团火，那团火不甘于平庸，渴望自身不断成长，渴望影响世界。

我是一个来自小城的、灵魂有火的姑娘，下面为你讲述我的故事。

拒绝回小城当英语老师，选择留学欧洲

我的大学是一所在江西省的二本院校，我在这里就读英语教育专业，毕业之时拿到了英语教师资格证。原本我的人生轨迹就是回到家乡乐平，当中学英语老师。曾经我也想过像我的大多数同学一样，毕业后回小城当英语老师。但我不甘心于此，**因为我志存高远，我是有野心的姑娘**。这也许是源于父母的榜样。他们虽然文化不高却敢拼敢闯，在 24 岁那年辞掉小学老师的工作，来到改革开放的前沿阵地海口从商。后来他们在家乡建起一幢

4层小楼,给予了我优越的童年生活。

大三那年,我主动报名学校国际交换生项目,到清迈大学交流。近一年的交流生活中,在有"泰北玫瑰"之称的清迈,我结交了众多来自世界各地的朋友,和他们一起过泰国传统节日水灯节,一起登素贴山,一起逛花市。我的眼界被打开,才发现原来外面的世界如此缤纷多彩。

大四那年,从泰国回来后,我决定再次出国留学,参加学校的交流项目前往法国兰斯大学读商科研究生,到梦想中的法兰西,走出亚洲,走得更远。

母亲为了帮助我实现梦想,卖掉了自己收藏多年的黄金首饰,还借了外债,倾其所有供我出国。

她说:"'满房嫁妆不如满腹文章'。这些黄金首饰原本也是给你陪嫁用的,不如用来投资你的眼界和成长。"

在法国读研实习的近4年,我艰辛逐梦,日子过得跌宕起伏。

第一年,面对纯法语的授课环境,我完全不适应。第一学期期末考试,除了英语,其他9门功课全部不及格。小组作业同学也不愿意带我,老师对外国学生更没有丝毫照顾。

兰斯只有十几万人口,中国人更是寥寥无几。这里的冬天很冷,我的心更冷。完全陌生的环境,学业的压力,无亲无故,让我害怕又无助。

临近春节,有一次跟家人视频,我忍不住眼泪直流,数度哽咽。

第一年,我辛苦适应,不断磨炼法语读写能力,在孤独中成长。第二年,我的学业终于有起色了,我还利用业余时间打工赚取生活费。

暑假里,我就去中餐馆、法餐馆做服务生,平时周末会打工到晚上11点30分。一个暑假就能赚5000欧元,够我下一学年的生活费了。整整两年,我的课余时间都被用于勤工俭学。

我还利用为数不多的闲暇时间,穷游欧洲,去了法国的巴黎、马赛、尼斯、斯特拉斯堡,还去了德国、比利时、摩纳哥、意大利等,看遍欧洲好风景。

最后一年,我处处碰壁,找了两个月才终于在一家巴黎药妆公司找到实习岗位。

在巴黎实习了一年多,我被它的浪漫所熏陶、所感染。塞纳河左岸的文艺阵地莎士比亚书店,蓬皮杜艺术中心前随性表演的街头艺人,埃菲尔铁塔在暮色中的唯美光影,无不令我流连忘返。

正如海明威所说:"巴黎是一场流动的盛宴,离开后总与你同在。"

2015年3月,我顺利毕业,拿到了硕士文凭,并在参加巴黎的春季校招时拿到了世界500强达能公司的高薪offer。2015年7月,我又顺利回国。

回忆法兰西,一半是浪漫文艺,一半是自立自强。浪漫文艺熏陶了我的优雅气质,自立自强让我在后面的工作、生活中更有担当和责任心。

灵魂有火,不甘于平庸地泯然于小城,我选择通过留学提升自身学历和见识。

在500强公司不断晋升,买房落户一线城市

回国后的我,依然保持那种奋斗精神,希望在一线城市占据一席之地。

工作一年后,在参加管培生项目半年度回顾时,我因为自己准备不足,现场汇报得磕磕绊绊,站在台上身体忍不住地晃动。

管理层对我的表现不满意,尤其是对我的演讲技能,给我的考核结果是"黄灯",这意味着我将进入3个月观察期,我甚至有可能会被踢出局。我吓坏了。回到家里,我躲在被子里大哭一场。我对职场的美好想象被彻底打破了,没想到管培项目如此严格。

知耻而后勇,2017年年底,我进入一所口才训练中心,开始学习演讲。

为保持自己在职场中的竞争力,提升当众表达和沟通的技能,我持续学习,花了近20万元学费。

在市场部和销售部轮岗时的出色表现,使我在27岁那年晋升为电商经理。

成为电商经理后,我积极投入工作,参与公司明星新品项目组,曾经和团队做 PPT 直到凌晨 2 点才走;我还曾带领团队在双十一大促中获得"十佳品牌"荣誉。

身处外企,我所面临的职场竞争是激烈的,我曾遭遇过多次质疑,也面临过裁员危机,但却一直坚持修炼,提升实力。

为了提升影响力,我自告奋勇组织了企业内部的志愿者活动,还担任了公司年会我所在部门节目的导演兼领舞,抓住一切主动表现的机会,让自己被管理层看到。

我不断提升自己的演讲力,使我在 2021 年前后有机会和主持人李好夫妇、《小时代》的主演姜潮、"乐队的夏天"的乐手彭坦同台直播公司品牌活动。

我在职场一路乘风破浪,终于在 31 岁那年成为公司的高级营销经理。

参加工作的第六年,我在广州市番禺区买了一套 90 平方米的房子,并且成功落户广州。站在精装修房子里,望着窗外环境优美、郁郁葱葱的小区,我第一次有了满满的归属感,我终于不再漂泊,在大城市有了自己的家。

灵魂有火,不甘于漂泊,渴望有所建树,我选择在大城市、大公司奋力拼搏。

找到热爱,画出人生第二条曲线

职场拼搏之余,我也喜欢探索人生,尝试过各种有趣的项目,比如登山、徒步、海外自由行、茶道花道、写作演讲等,并渐渐地找到了最热爱的领域。

因为 2020 年 11 月拿下了全国演讲大赛的二等奖,我开始在简书写演讲干货帖。结果一发不可收,从此我深陷写作,开启了简书日更模式,日更千字，获得简书 365 日更徽章。

回想起少年时代就爱记日记，留学时期在 QQ 空间写了数万字的留学日记。我恍然大悟，原来写作一直融于我的生命当中。

工作很忙，时不时加班，有时晚上到家已经是 8 点 30 分，但每天晚上 9 点到 11 点 30 分，我都会坐在电脑前静心读书写作。即使在出差途中，我也会利用在飞机上的时间用手机写当天的日更文章。我甚至把出差的见闻，当作写作的素材，比如我在广州机场看了一场岭南名画展、在宁波机场听到了悠扬的钢琴声，都被我写入了文章。

不到两年时间，我已经在简书写下了 80 万字，又因为简书结缘齐帆齐老师，在她的推荐下，我的第一本职场书《职场前 5 年，就该这么赢》成功签约。

我聚焦职场思维、向上管理、内部沟通、时间管理等领域，将自己真实的职场经历用心复盘，提炼出方法论，并诉诸笔端写出了很多干货文章。

我也因此画出了自己的第二条职业曲线——职场成长教练。我帮助 100 多位和曾经的我一样处于迷茫中的年轻人找到方向，提升职场软实力。我也通过写作打造了职场个人品牌，拥有了自己的写作成长社群。

很多朋友问过我："小仙，你工作那么忙，又是出差，又是加班，怎么还有时间一年写出 40 万字、读 50 本书？"

我想这就是热爱的力量吧。

因为灵魂有火，我不甘于无所事事，喜欢不停折腾，直到找到热爱为止。

这就是我的故事，一个反"躺平"的人，大学毕业后 10 年，抓住机会长见识，全力奋斗长本事的故事。一个灵魂有火的女孩，活出了自己，拥有了精彩人生的故事。

日本导演北野武曾说："虽然辛苦，我还是会选择那种滚烫的人生。"

是的，不"躺平"会辛苦，但我更愿意以梦为马，不负此生。**希望每一个心中有梦的人，都拥有滚烫的人生。**

玛格丽

DISC+讲师认证项目A15期毕业生
为翊培训咨询公司联合创始人
人才测评师、职业发展顾问
酒店、奢侈品集团人力资源负责人

扫码加好友

玛格丽BESTdisc 行为特征分析报告
SC 型
0级 无压力 行为风格差异等级

DISC+社群合集

报告日期：2022年10月15日
测评用时：05分10秒（建议用时：8分钟）

BESTdisc曲线

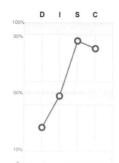

自然状态下的玛格丽

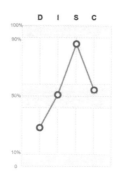

工作场景中的玛格丽

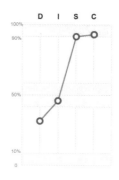

玛格丽在压力下的行为变化

D-Dominance(掌控支配型)　　I-Influence(社交影响型)　　S-Steadiness(稳健支持型)　　C-Compliance(谨慎分析型)

　　玛格丽友善、亲切，是一个很好的倾听者。她耐心、可靠、稳重、忠诚、真诚、细致周到，是一个很好的伙伴。她工作努力、好探究、理智而冷静，是一个很好的战友。她追求完美，在知识和能力方面严格要求自己，有非常高的水准，重视自己和别人的知识和专业能力，但也不乏包容，常常为他人补位。

前方有光，一路随行

接灯、传灯、点灯，原来生命中最闪亮的一束光，来自让他人发光！

毕业5年成为国际品牌酒店人力资源总监，32岁出国读硕士，36岁从酒店行业跨行到奢侈品行业，45岁转型成为职业发展顾问，48岁成立自己的培训咨询公司……

在当下不少人眼里，上面的这份履历是相当保守的了。毕竟这个时代，大学毕业就创业，30多岁就身价上亿的故事在自媒体的笔下屡屡发生，更为当下的年轻人喜闻乐见。

然而对于我，从职场人到海外求学再到自己创业，这是我的人生经验、阅历，也是我的梦想逐渐瓜熟蒂落的过程，它让我在不同的时期都品尝到最可口、醇香的佳酿。

每一段的旅程，我都可以从容地面对不同人和事，笑看风雨和彩虹，然后在下一个阶段，以足够成熟的心智，从容地做出选择。这是属于我的成长旅程。

赢得酒店职业必修大满贯

大学毕业后，我进入了香格里拉酒店集团旗下的一家酒店，先是做部门秘书，后来因为英语优势，被人力资源总监亲自调到人力资源部担任培训主管。

香格里拉酒店是酒店行业公认的标杆，不管是运营系统、管理体系，还是人才培训和发展体系，都非常严谨和先进。感谢我当时的经理，让我在香格里拉工作三年多的时间里，对酒店行业的认知不断深入，个人的能力水平也获得飞速的提升。

我开始了自己的第一次职业规划——加入一家正在筹备的酒店，去验证我在香格里拉获得的能力。凭着浑身上下的"香格里拉系"职业素养，我顺利地进入我职业生涯中的第二家酒店，我的能力和表现很快得到了部门总监的青睐。当他由集团内部调任到下一家酒店任职的时候，他邀请我一同加入他的新团队，这一次我成为一名"外聘"管理者。可以说，从我职业生涯中的第三家酒店开始，我已经达到很多酒店人要奋斗至少10年才能达到的水准。

就这样，到了第六家酒店，我以人力资源总监的身份全程参与了酒店筹备开业工作，这时我已经有了三家酒店人力资源负责人的经验。

很多酒店前辈都会选择在这个位置上继续耕耘，直到有机会向下一个职位——大多时候是总经理——冲刺。

这个时候的我，又一次开始思考自己的职场发展道路：下一个10年，我的努力方向是什么？在认真思考了自己的职业兴趣之后，我非常坚定自己并不想成为一名总经理，而是希望自己在人力资源领域继续深耕。

但同时，我也意识到自己从一毕业就开始在酒店行业工作，对酒店之外的世界了解甚少。另外，经历前10年的快速发展，我原有的知识储备已经接近枯竭，我需要充电，于是我选择了停止工作，到国外深造学习。

2006—2008年间，我到德国尔福特大学攻读公共管理专业。我刻意避开酒店或者人力资源专业，是希望自己能够拓展自己的认知，汲取新的知识，给自己寻找下一个10年的新目标。

再度回归酒店行业时，我加入的是在亚太区发展正值鼎盛时期的美国S集团，它在人力资源管理、企业文化和人才发展等方面陆续推出各种创新举措，令同行瞩目的同时，也为集团旗下各酒店人力资源部提供尽情发挥的机会。

我仿佛又找回了当年刚入行,在香格里拉的文化和氛围中拼命学习、疯狂成长的自己,这让我异常兴奋。我在自己职业发展黄金时期,又遇上了企业高速发展的阶段,我应该给自己定一个什么职业目标呢?我给自己做的下一个10年职业发展规划是,向大区人力资源总监发起冲刺,同时增加在不同规模和经营特点的酒店工作的经历。

在这样的动力驱使下,我多次利用各种人才盘点和年终评估的机会,向集团总部持续表达我的意愿。很快,总部就看到了我的热情,先是委任我负责领导所在城市多家酒店开展不同的人力资源项目,后来又将我委派到海南,负责一个度假型酒店的筹备开业。也是在那里,我接手了区域人力资源负责人的工作,除了统筹管理十余家酒店人力资源事务,还独立负责多项以海南为试点的中国区、亚太区员工关系和人才发展项目的设计和实施。

随后,我再次成功筹备开业了两家酒店,其中一家是奢侈品牌。至此,我在酒店行业的职业必修清单已经完成,那么下一页该怎么写?

做一名职业成长传灯人

2020年,一场疫情让各行各业都感受到了前所未有的寒意,酒店首当其冲。在长达四个月断断续续的工作期间,我又一次开始了关于未来规划的思考。

这次,我觉得应该称为生涯规划,因为它将同时跨越职业和后职业的阶段,需要覆盖未来十年甚至可能是二十年的时空,我必须思考,如果离开我最熟悉的酒店行业,我还可以做什么?

回忆起我的酒店职业生涯,我感觉是一直非常顺利:做着自己喜爱的工作,并及时得到回报。那么这一切是怎么发生的呢,是努力吗？的确,我很努力,几乎每个工作日,我离开办公室的时候外面早已夜幕降临;每一次休假,即使是在境外,我的电话都24小时待机,我能说自己从工作第一天开始,就全情投入,全力以赴。

那么,这就是全部答案了吗？

回想起第一份工作才刚满一年的时候,我以为自己已经遇到了工作瓶颈,于是开始陆续往外投简历,一位前辈及时打消了我跳槽去外地一家私人小公司的念头;在第二、第三家酒店,我的上司给了我极大的信任,让我将一个个在大脑中构思的项目逐一落实;当我在遭遇职业挫折不知道何去何从的时候,是曾经的一位老领导,告诉我可以回到酒店行业重启;第五份工作,当我有了往区域人力总监方向发展的初步想法时,是酒店总经理,鼓励我将这个想法写在每一年度的职业发展规划上,让集团有机会看到我……

对我来说,幸运的是在每一个关键的职业发展时刻,我总会遇上贵人。他们或在岔路口出现时,帮助我指一条正确的路,或在我上坡的时候,轻轻地推我一把。他们仿佛我职场路上的明灯,以温暖的光芒,让我看清努力的方向。

事实上,职场起步一开始总是人潮涌动,但随着时间流逝,有些人慢慢地就会落在后面,有些人在某一个弯道冲出了跑道,有些人在十字路口拐向不同的方向,最终能够一直向目标靠近的人,是那些努力前进并能做出正确选择的人。

做选择容易,做正确的选择却一点也不容易,这个时候,或许每个人都需要一盏灯。

我希望自己能够把那些年投射到自己身上的光,也传递到后来者的身上,并一直为之努力。

我曾在分别10年后遇到带过的培训新人,那时她已经成为欧洲知名药业集团中国区企业大学的校长,她告诉我,是我让她找到职业的方向,也是我激励她不断确定更高目标;我也曾在深夜接到一个刚刚结束酒店落成酒会的总经理的电话,他跟我分享首次事业突破的喜悦,他说,因为我的启蒙和影响,让他在职业上达成了一次次完美转身;我的微信多次收到多年前团队成员的感谢留言,告诉我他们新的职业变化,感谢我曾经在他们迷茫时,为他们照亮前行的路。

想到这些,我充满了力量,下一个10年的目标再次清晰了,我将专注于如何成为一名职业成长顾问,做成长赋能教练。

备好三盏灯,点亮老中新

从2020年起,我开始学习生涯规划,接触了不同学派的职业规划咨询理论体系,系统学习了霍兰德、九型人格、DISC、MBTI等人才测评工具。

从2021年开始,我跟招聘求职网站、多所高校合作,进行了超过100小时的公益职业发展咨询。我把理论知识与自己多年企业HR和培训管理工作经验相结合,不是通过炫技,而是真正关注咨询者的困惑、疑问,和他们一起寻找化解危机的方法,帮助他们摆脱当前的职场困局,陪伴他们度过成长过程中不可避免的慌张和迷茫。这是我一直在修炼的功课。

不知道怎么迈步的职场"新"人,会让我想起自己初入职场的欣喜又踌躇的样子,我愿给他们点亮探照灯,用自己成长的经历和总结的工具方法,给他们大踏步向前走的勇气。

针对触到了工作瓶颈的职场"中"人,我用多年实践、全域管理经验,为他们点亮一盏手术灯,让困倦和迷茫无所遁形,帮助他们找到职场新的意义、新的价值、新的赛道,实现人生中场破局。

针对跟我一样在职场打拼多年的"老"人,因为懂得他们对人生下半场再度辉煌的期待,我为他们点亮追光灯,让他们看到自己的独特风采,找到在舞台上最闪亮的点,发挥个人的最大价值。

点灯人,亦被照亮,在看到来访者开启人生新篇章时,我也找到了人生新的意义和价值。

　　未来,我期待成为更多人的点灯人,希望每个人在向前跑的路上,不管何时抬起头,都能看到足够明亮的前方,拥有继续向前跑的勇气和信心。

　　为你照亮更远的路,我愿意!

姚焱峰

DISC双证班F78期毕业生
律师
高校法律专业讲师
国家注册二级心理咨询师

扫码加好友

姚焱峰 BESTdisc 行为特征分析报告

CSI 型

0级 无压力 行为风格差异等级

DISC+社群合集

报告日期：2022年10月15日
测评用时：05分15秒（建议用时：8分钟）

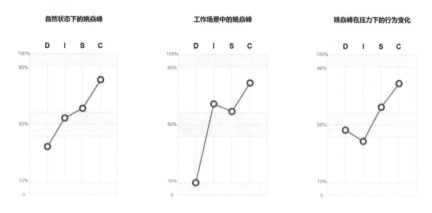

姚焱峰细致严谨，讲究条理，善于通过缜密的逻辑、专业的知识、有理有据的讲解，影响他人，并赢得认可和尊敬。在工作中，他充满活力，乐于主动沟通交流，也不乏友善耐心和同理共情，既是忠诚友善的支持者，又是专业可靠的问题终结者。

追寻信念的光

辗转8年,终成大状,为正义、梦想而坚持的人自有万丈光芒!

不管哪个年代,收视率排行前列的电视剧中一定有律政剧。不论是早几年的《盲侠大律师》《精英律师》,还是近年来比较火的《玫瑰之战》,律政剧收视率高或许都源自人性本善,每个人心中都有一个律师梦,都憧憬着以一颗侠义之心,惩奸除恶,为遭受不公平的人,依法论曲直,仗义辨是非!

我也不例外,我为了心中那个律师梦,大学时选择就读法律专业。

曾满以为自己会走上律师这条道路,没想到毕业后却阴差阳错地迈入了教师的行列。

8年前,身为一名大学法律老师的我,当时已升至副处,内心偶尔生起强烈的优越感:有房有车,有幸福美满的家庭,有两个可爱的孩子,工作两点一线,很稳定,甚至还荣获了至高奖项——全省系统内年度人物称号。

但即便如此,我依旧不时在想,要这样继续重复二三十年,跟身边的大多数人一样,温水煮青蛙吗?这样一眼望到头的职场生涯,等到退休,还有什么乐趣可言?就像现在,看着来访的当事人,我能从他们的眼神中,看到内心深处藏着的期待,寻求着一束光,还有与我同样的那一份心有不甘。

而就在那一年,一场突如其来的小手术,坚定了我转变人生赛道去做律师的信念。

或许只有进过手术室,躺在病床上半个月不能下床的人,才会对人生有不一样的感悟;或许只有大小便失禁,完全靠流食保持体力和导管排泄的人,才会对人生有不一样的期待。

医院的病床,真的是个很神奇的东西。我躺在病床上的半个月里,好像把人情冷暖、职场未来等一切都想明白了。我告诉自己:我不能再继续这样按部就班下去,我不能再继续这样平庸下去,我要换一种活法,我要换一种人生态度,我要寻求我人生的那道光,我要为自己的未来赌一场,为自己的人生拼搏一次!哪怕是从头再来,至少自己没有遗憾。

从病房走出来的我,毅然决然扔掉了人人羡慕的体制内的"铁饭碗",裸辞!干嘛?复习备考律师!毕竟,我心中有一块神圣的地方,关乎我的梦想,我的信念——律师。

辞职后的半年里,我把手机换成了老人机,把自己封闭在离家一公里的公寓里,每天复习背诵刷题14个小时,除了家人来送饭,我几乎与世隔绝。

复习备考,远没有决定裸辞时那么潇洒。在夜深人静的时候,偶尔心底深处也窜出来一种孤独、无助,我也曾扪心自问,如果失败了,该去向何方?复习的压力、对未来的迷茫,几度让我接近崩溃!

但另一个声音始终在耳边呼喊着,你没有退路了,回不了头了,相信你自己,你可以的,别怕!自己选择的路,跪着也要走完!那一段日子,我这辈子都会记得。

上天从来不会辜负任何一个努力的人,最终我通过了司法考试,在查询到成绩通过的那一刻,我流泪了。没有人知道在这背后,我付出了多少;也没有人知道,在裸辞的这段时光里,我承受了多大的煎熬与压力;也有无数人不理解甚至埋怨我,为什么好好的大学老师不做,要辞掉,这其中,也包括我的妈妈。还好,那份信念,让我挺过来了。

拿到了法律职业资格证,我开始了人生中的第二份职业,进入了律师事务所。

没想到,还没来得及品味梦想如愿以偿的喜悦,焦虑和压力就随之而来。

律所成立不久,属于刚起步发展的律所,一半的同事都比我小,他们谈笑风生、专业精通,而我虽然理论知识丰富,但缺少法律实践,我感觉自己到律所里以后只有仰望的份儿。

我找到主任，诉说自己心中的郁闷，主任语重心长地说道："你只看到别人的优势，你拿自己的劣势去跟别人的优势比，怎么可能赢，法律实践少，你就多出几次庭，多看几份判决书，律师行业从来不缺做诉讼的，而你的优势是什么？把你的优势强化，你想不出彩都难！"

一语惊醒梦中人。的确，我是大学法律老师出身，讲课、培训，这才是我的长处啊！我开始加入律所讲师团，在几次讲师团内训中，我上台即兴讲课，用的是同事精心准备了好久的课件，授课效果却远超他们，一下子让大家刮目相看，很多律师都来向我请教。为此，律所还专门组织了一场培训，让我为全所的律师们进行授课，教授如何去给客户、企业单位做培训。

就连我自己也没有想到，我会成为律师们的老师，去给律师们授课，但也就是这样，我得到了同行们的认可，很多律师同行来找我，交流沟通，不仅讨论培训授课，也有案件。我也逐步地融入了这个对于我来说全新的律师行业。

我深深明白，做任何事情想要成功，都是需要付出代价的，对于我这样中途转行做律师的人，更是如此。

做律师也并不只是表面上看到的那样光鲜亮丽，如果我想要达到更高的水准，我就要走得比别人快，而且要付出比别人更多的努力。

律所主任曾对我说："想做大律师、名律师，走好三部曲——讲课、出书、上电视，而你，已经走在很多律师的前面了。"

是的，原以为从大学法律老师跨入律师行业会有很大的障碍，而现在看来，正是由于这段不一样的经历，才让我从律师同行中脱颖而出。

为了成为一名优秀的律师，我每天最早一个到律所开灯，最晚一个关灯离开律所，律所的案件讨论和各种培训我从不缺席。我的业务水平和办案能力不断提升，也越来越受到当事人的认可。

不论是私企老板、高管白领，还是普通员工、菜场大妈，每一个来找我办理案件的当事人，无一例外地都会问：这个案子能有几成胜算？能打赢吗？而我发现，很多案件不是表面上看起来就是输的或是赢的，不能轻易给案件下定论，毕竟这个案件还没有审，还没判决，谁知道这个案件就一定会输或一定会赢呢!

每个案件都需要深入地去分析,去琢磨,去寻找关键点,这样你才有可能找到能赢的依据,或者其他一些谈判的筹码,和解的方法。只要你有这份信念,而你抱着这份信念去做,去跟当事人沟通,跟法官沟通,你一定会有意想不到的收获。

当我签下每一个案件代理时,我知道,我的这份信念,感染到了我的每一位当事人;也是他们,让我的这份信念,更加坚定!而我,也在经历这一个个案件、服务一位位当事人的过程中,不断成长、蜕变。

在所内,除了做好日常的诉讼案件工作,我给律师同行们讲课,担任律所大大小小活动的主持人;在所外,我在企事业单位、学校开设专题法律讲座。

同事们评价:"你讲课思路清晰,生动幽默,课堂的气氛那么活跃,难怪做主持人也可以这么游刃有余。"我担任顾问的学校校长说:"我们请过很多律师来讲课,你是大家认可度最高的,感染力强,趣味性强,大家一听就懂了,以后我会经常请你去学校提升孩子和老师们的法律思维。"

去年,我还出版了《商事法律实务》一书,越来越多的同行和企事业单位从我的讲座和专著中接触我、了解我、认同我、选择我。这也让我更加坚定了努力成为一名优秀律师、服务更多客户的信念。

先相信自己,别人才会相信你。从决定裸辞,到转行成为一名律师,从接待当事人咨询,到最后成交签下代理,从客户预约法律培训讲课,到被授予聘书长期合作,我越来越相信,凡事只要你有坚定的信念,只要你愿意为之折腾,愿意为之付出努力,你想不成功,都难!

我也越来越坚信,人生不只是热爱,也没有白走的路,你想寻求那束光,甚至成为自己的光,照亮更多的人,就要去服务更多的人,影响更多的人!

我对自己说,你要寻找自己内心信念的那束光,或许在人生路上,我们会面临不断出现的困难和挑战,但这些都只是磨炼和成就我们的小石块、小插曲,只会让我们的光越来越亮,让我们的人生更有力量!正如我面对的每一位当事人,每一个案件,如果我先放弃、退缩,那就绝不可能带领当事人打赢战役,逆风翻盘。

人生最大的遗憾从来不是做不到,而是我本可以!

感谢自己,为了那份信念、那束光,一路坚持,一路前行,一路狂奔,一路追寻!

感恩遇见我的每一位朋友,每一位当事人,每一位客户,感恩生命中有你们!

苏星宁

DISC+讲师认证项目A14期毕业生
苏荷咨询创始人
婚恋和青春期咨询师
姓名分析和策划师

扫码加好友

苏星宁 BESTdisc 行为特征分析报告
CSD 型
6级　工作压力　行为风格差异等级

DISC+社群合集

报告日期：2022年02月13日
测评用时：03分40秒（建议用时：8分钟）

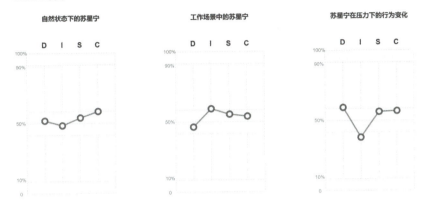

D-Dominance(掌控支配型)　　I-Influence(社交影响型)　　S-Steadiness(稳健支持型)　　C-Compliance(谨慎分析型)

苏星宁具有对事严谨认真、待人宽容友善的行为风格。在工作中，她积极主动，善于通过有效沟通影响他人，体现自己的表达能力和影响力。在压力下，她会更聚焦于行动和结果的达成，敢于突破或推动变革。

让每个人的心里都升起彩虹

2万多个小时的用心陪伴，让她拥有升起人们心中彩虹的力量。

风雨，如果是人生的常态，那么彩虹，可以是人生经常看到的风景吗？在2万多个小时的深度咨询，陪伴他人共同经历风雨、找到希望和动力后，我才发现，做心理咨询师，其实就是做一个经常让自己和别人心里升起彩虹的人。

共创生涯，筑梦前行新时代

光影交错下，"恭喜7号苏星宁老师的项目——36心智锦囊，共创高情商职场力，夺得杭州市第四届共创生涯教育的金牌项目！"主持人满怀激情地宣布比赛结果，台下的我心潮起伏，思绪万千。

回首筹备项目的6个月，共创团队一遍遍地讨论碰撞、迭代方案。有项目卡顿的无奈，有灵感迸发的激动，有熬夜赶稿的疲惫，也有获得进展的喜悦……

深耕心理咨询行业 17 年,获奖于我是一种肯定,也验证了我一直以来的信念:"极致的工匠精神,能支撑我在追逐梦想的旅程中稳步前进。"

同时,这也是一副落在肩上的担子,这份社会责任感,促使我不断加快脚步,持续关注大学生以及职场新人群体,帮助他们提升情商、职场力,实现自己的人生价值!

那一刻,我双手微颤,从颁奖嘉宾手中接过奖杯,咔嚓作响的闪光灯如烟花般绽放。手捧着沉甸甸的荣耀,我心中涌动着许多感恩,有对主办方、评委的,也有对为这个项目付出努力的伙伴的。

我们都是新时代的筑梦人!

"宝剑锋从磨砺出,梅花香自苦寒来。"这是我共创生涯教育项目比赛的终点,但也是我实现个人与社会价值的又一个起点!

赋能自我,厚植于少年情怀

我毕业于安徽大学中文系,热爱中国传统文化。我也沉迷于心理学,喜欢徜徉在精神分析、生命数字、意象对话、NLP、催眠、肌动学等各种理论中。啃读心理学各个流派的书籍,尝试将形形色色的人、事、物做排列与分析,对于我而言,这是一件趣味无穷的事情。

我喜欢苏东坡,他豁达圆融,才华横溢,尤其是在逆境中也不改闲情逸致,任何时候都可以享受生活。

大学毕业后,我通过层层选拔,顺利入职浙江电视台。在工作过程中,我先后做过记者、品牌策划、杂志编辑,曾采访过李宗盛、李银河、麦家、杨洋、陆毅、米雪、朱丹、华少等几百个名人。

但我印象最深的是对一个抑郁、有自杀倾向的高一孩子的专访。那个孩子坐在我对面,身体斜靠在桌沿上,头耷拉着,呆呆地看着桌上小猫玩偶的方向,似乎忘了眨眼,极少回应,声音好像卡在喉咙里……

我不敢相信,这个孩子才 15 岁啊,对生活就已经失去了信心!在此后的很长时间里,我一直无法忘记那个绝望的眼神,也从各种渠道了解了青少年抑郁、自杀的情况,感受到青少年群体面临着多么巨大的压力。

"少年强则国强。"百余年前,梁启超先生振臂一呼,激励一代又一代青少年继往开来,砥砺奋进。如今,在实现中国梦的伟大征程中,培育正确的教育观,加强中华民族繁衍发展的内驱动力,已经成为重要且紧急的事情。

热爱传统文化的我,对青少年有着同样的信念和情怀。我暗下决心,一定要为这些孩子,为这个社会做些什么。

于是,在 2006 年,我提出了辞职申请,开始从经济、专业、资源三个层面为从事心理咨询做准备。我先后考取了国家二级心理咨询师、注册职业生涯规划咨询师、中国高级培训师、生命数字高级导师等多个职业资格证书,并积极接触行业上下游所有潜在合作伙伴。

"诚字有以工夫说者。诚是心之本体,求复其本体,便是思诚的工夫。"心学大师王阳明认为,"诚"是一个人做事为人的关键,"诚"还是"不诚"就是根本,就是心的本体,也就是我们常说的"初心"。

而我始终如一的初心,就是以我所有的见识和能力,赋予青少年能量,帮助他们茁壮成长,撑起自己的一片天。

细致敏锐,共鸣于全息咨询

多年以来,我不断积累咨询个案,开展线上、线下授课。17 年来,我积累了 2 万多个小时深度咨询个案,以及超 100 万人的线下课听众,成为浙江省经信厅的特聘讲师。

常有同行问我："做了多年咨询工作,如何守住初心?"我想,新闻工作带给我敏锐的观察力和直觉力,稳固了我从事青少年学习力咨询和家庭关系咨询的基础;而我对心理学独有的耐心,让我更容易找到藏在咨询背后的解决方案。

富兰克林曾说:"有耐心的人,能得到他所期望的。"耐心是希望的艺术,是接纳的表现,咨询就像剥洋葱,一层层剥开才能找到核心。

我曾接待过一个高二的学生,他存在认知偏差,认为周围的同学都很幼稚,无法融入同学,爱钻牛角尖,说话也爱重复。咨询中,我从他与老师的关系中找到突破口,打开了孩子的心门,孩子很高兴地说:"我在苏老师面前,感觉自己并不是另类,也不会觉得孤独!"

生活里,我喜欢走进自然、阅读诗文,梳理、反思和静心,保持自己的敏锐和细致。因为只有细致感受自己,才能细致感受别人。

就像我喜欢的圣洁的荷花出自淤泥一样,一个人的成长,也会有阴影和碎片。我要做的事情,就是支持更多人爱自己,绽放自己!

我用写诗的细腻,来感受来访者情绪的变化,也用宁静和纯粹,对来访者做身心灵观察。我把每次咨询看成是一次和来访者的共创,"一花一世界,一叶一菩提",在咨询旅程中,感受宇宙万物的生生不息。

按下琴键发出声音很容易,但要恰到好处地弹对节奏,甚至奏出婉转悠扬之曲,却不简单。

一名咨询师,如果不能消除自己的情结,在咨询中与来访者的共情就很可能只是自己的投射。若咨询以满分10分为标准,那么从6～8分到9分的跨越就是极其不易的,只有达到9分,才能让来访者有登高望远的触动,仿佛登上海拔1500米的高山,面对碧空、日出、云海,感悟山风拂及处,皆是通透与释然。

汲取核心，借力于系统思维

宇宙浩瀚无垠，可再小的微粒也不是孤立存在的。中国古人的宇宙观和方法论，是将人置于天、地、人交互影响的大视野下，在具体的时空系统中，去探讨生命活动的规律。

系统永远在追求平衡与完整，每个元素在系统中都有自己的位置，并希望受到系统的尊重。我的系统观的建立常常让我的咨询过程峰回路转，柳暗花明。

青春期的孩子，处于身心发展的特殊阶段，人格并不成熟，情绪也不稳定。**在咨询中，我会运用系统的支持，向系统"借力"，帮助他们稳定情绪、激发学习内驱力，塑造健康的人格。**

我曾有一位学生来访者，有社交恐惧症。在第一次咨询时，他和父母之间是完全分裂的，父母触碰他的身体时，他会瞬间躲开。父母的专制让他备感压力，外貌普通、成绩一般让他觉得自己被边缘化，他在学校里遭到同学霸凌，还被班主任否定。

我尝试用催眠等多种方法，帮助他重塑自信；用马斯洛需求理论等，帮助父母调整亲子沟通方式，深入调解家庭系统的矛盾。最终有了可喜的结果，孩子的社交恐惧大为减轻，能够轻松地应对社交，学习成绩也提升了100多名。

咨询时，我也会和来访者谈哲学，支持来访者建立自己独特完整、系统的三观。

梳理一个人的信念系统的过程本身，就可以消除30%甚至更多的负面情绪。同时，一个人建立完善的认知系统后，对很多问题的答案自然就会清晰了。

我从环境、行为、能力方面和来访者共创,也从信念、身份、系统方面与来访者共创,效果更持久、更深刻。我的一位来访者曾感慨:"过了很久,想起我在咨询中的梳理,后劲依旧很足,这是我面对生活问题的良药。"

后疫情时代,就业、创业比以往更艰难,我用未来导向思维,从大学生就业倒推,全面培养中学生心智,与孩子共创未来。

这样的陪伴,可能对孩子甚至整个家庭,影响深远。

心理咨询是一种思维的碰撞,是心灵的共同探索,是一种美的共创。

王阳明说:"种树者必培其根,种德者必养其心"。

我相信,守住这颗心理咨询的初心,滋养来访者的生命,是对这个社会有意义的一件事情。

读遍世界,精进自我,和这个世界心灵相通,我想让每个人的心里都升起一道彩虹!

陈思

DISC+讲师认证项目A16期毕业生
签约作家
国家二级心理咨询师
高级家庭教育指导师

扫码加好友

陈思 BESTdisc 行为特征分析报告

SC 型

0级 无压力 行为风格差异等级

DISC+社群合集

报告日期：2022年09月06日
测评用时：09分52秒（建议用时：8分钟）

BESTdisc曲线

自然状态下的陈思

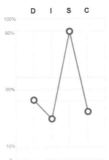
工作场景中的陈思

陈思在压力下的行为变化

D-Dominance(掌控支配型)　　I-Influence(社交影响型)　　S-Steadiness(稳健支持型)　　C-Compliance(谨慎分析型)

　　陈思友善亲切,沉静内敛,乐于倾听,善于陪伴,能给他人力量。她真诚待人,稳重处事,细致周到。在工作中,她认真尽责,追求公平公正,在专业和能力方面,对人对己都有着非常高的要求;她也不乏宽容,愿意为他人着想,自己做出牺牲,承担更多的工作。

痛苦,是光照进来的地方

将痛苦的伤痕画成成长的花纹,我们这样走出阴霾,让生命发光。

"10亿年前被赋予的生命,我们拿来做了什么?"电影《超体》曾这样发问。想起这句话时,我正坐在一个特殊的地方写下这篇文字。

10年前,我在这里度过了漫长的抑郁岁月。窗外有一棵树,每天陪我忍受巨大的情绪煎熬,从早到晚默默看着我流泪。那时的我,想不通人生为什么这么苦?人为什么要活着?

很久没回来这里,此刻重回旧地,树似乎还是那棵树,但我的内心已经充满了温暖和宁静。

这10年间发生了什么?让我从一个情绪极度容易崩溃的人,变成了一位心理咨询师。不仅帮助了成百上千像曾经的我一样迷茫的人,也完成了小时候成为作家的梦想,用文字带给人们力量,抚慰他们的心灵。

每份情绪,都是礼物

我们在成长过程中,学习了很多学科,数不清的知识。我们学习数理化,了解了分子之间的反应,但是很少有人教过我们如何处理和面对我们的负面情绪。

小时候,我们发脾气,会被教训;我们哭泣,会被父母大声呵斥:不许哭!

但是人生总会遭遇到挫折和不如意,该怎么办呢?拒绝、逃避,并不能帮我们处理困难和挫折。而这些未经解决的问题,会在未来反复出现,逼着我们去面对。这就像没有考及格的科目,要不断地重考,直至通过。

对我而言,这个没有及格的科目,就是如何面对自己的负面情绪。

从小到大,我都在逃避面对负面情绪,比如从东北逃到云南;比如哪怕进入众人眼中最难进入的企业,也会在工作不开心时就选择辞职。我曾以为这样很潇洒,但是没想到,我人生中最大的挑战也就此来临。

26岁,大概是人生中最美好的年纪:青春,有活力,充满激情,摩拳擦掌,开始创造美好的未来。

然而我的人生就在此翻车了,跌进了深深的悬崖。从小到大一直没有处理的负面情绪,压抑成为一颗颗隐形炸弹。再加上现实发生的一些令人无能为力的事情,让我陷入巨大的痛苦中,每日以泪洗面,最终被医生诊断为中重度抑郁症。那一刻,我感觉人生所有的大门和窗户都关上了,看不到任何希望,被脑海中各种痛苦的念头纠缠,只想一死了之。

没有得过抑郁症的人,无法理解其中的痛苦:莫名其妙的悲伤,永无止境的眼泪,不明白这世界上还有什么是值得留恋的。

那时候,我怀着我的第一个宝宝,别人怀着宝宝都洋溢着幸福,而我却无比难过。尽管这样,我依然相信他有权利来到这个世界上,不该被我自私地带离人世,总算熬到顺利生下他。有一天,我把他放到床上后,又走到窗边,突然间宝宝的哭声唤醒了我:如果没有妈妈的保护,他该如何平安健康地成长?女子本弱,为母则刚。于是,我开始了艰难的自我疗愈。

我去寻找所有能找到的心理学大师学习,用了将近5年的时间,终于从抑郁症带来的痛苦情绪中摆脱出来。

外面的世界没有别人,只有自己,如果你的内在是个战场,外面的世界一定会充满纷争。而当我走出抑郁症的黑暗后,我看见了湛蓝色的天空,听见了悦耳的流水声,也闻见了空气中淡淡的香甜。当一个人的内在改变了,他看到的世界也变得闪闪发光。

不久后,一个朋友找我倾诉她的问题:从小目睹父母的婚姻失败,让她对感情产生了巨大恐惧,右手手腕也患了风湿,不得不常年服药。

我试着用自己处理情绪的方法来帮助她,慢慢陪着她。通过她的恐惧去找到深藏的信念,同时释放负面情绪,居然收到了很好的效果。她不再怀疑爱情,顺利找到了男朋友。右手腕的疼痛也开始缓解,她甚至开始减药,最后慢慢停药。走出阴霾的她,对我说了一句影响我一生选择的话:"你该去当一名心理咨询师,用你的经历和你学到的一切去帮助更多需要的人。"

就这样,我从一名建筑师,跨行业成为心理咨询师。自己成功治愈抑郁症的经历让我发现了自己的天赋:容易共情对方的处境、感受。我了解人的情绪是怎么运作的,懂得信念如何影响一个人,也看到过一个人的人生因何成了一个牢笼,他又如何打破牢笼,活出全新的人生。

作为一名心理咨询师,我带着深深的共情,接纳陪伴着每一位来访者。他们告诉我,似乎我天生就有可以让对方倾诉的亲和力。当他们说完了自己的痛苦,我就带着他们一起去痛苦之中领悟,找到他们的人生到底被什么限制住了,并帮助他们重新定义创伤,直到彻底释放情绪。

这就是可以把人生过好的智慧。

伤害你的不是现在发生的一切,而是你的想法、信念,以及伴随而来的各种情绪。这其中夹杂着曾经没有处理好的卷土重来的伤痛,但同时也给你一个新的面对它、处理它的机会。

你抗拒的、恐惧的、抱怨的、逃避的事情,会不断地出现在你的面前,让你领悟它传递的讯息。当你愿意直面痛苦,你就会找到你隐藏的力量,找回真实的自己,拿回自己人生的主动权。战胜痛苦拿回自己的力量,你也一定会感谢那些痛苦给你带来的巨大领悟。

很多人在得知我的经历后,会对我报以同情,但我深深地感谢这段特殊的经历,它更像是一份礼物。它让我学到了关于生命的智慧,这是无法通过读书或者从别人那里学习获得的。走过了痛苦,才更加熟知痛苦。我常常对我的来访者说,别白白受苦,我会陪伴着你们把苦难变成财富。

超越情绪,与自己和解

每个人都渴望被接纳,但是我们在成长的过程中,有过太多不被接纳的经历,所以觉得自己不够好。自己不被相信,我们也在被否定的过程中开始讨厌自己,封闭自己。一名心理咨询师,会陪伴你在迷茫无助的大海中,找到人生的航向和力量。

我接受咨询的来访者们有各种各样的情绪问题,有亲子关系带来的情绪问题,有夫妻关系带来的情绪问题,有跟父母的关系带来的情绪问题,有跟领导同事的关系带来的情绪问题……在不断帮助来访者处理情绪的过程中,我发现,这所有一切问题的根源都是跟自己的关系。而我们跟自己的关系,也会投射到身边的所有关系之中。

咨询时,我会使用许多的方法,比如潜意识图像卡、情绪释放技术、催眠、自我对话等等。最终的目的,都是带领来访者们回到跟自己的关系上。让他们重新审视对自己的信念、评价,从而重建对自己的信任和爱。

人的一生要面对的根本不是外在的境遇,关键在于当你经历这些的时候,你的内心折射出了什么。经由这个折射,你会看到你内心深处的信念和你固守的价值观。接下来,你将做出选择,是活在过去,还是活出全新的自己。

我看着一位位来访者,从自卑到敢于分享自己,从讨好别人到重新爱惜自己,从打骂孩子到建立和谐的亲子关系,从厌学到开始为将来的人生拼搏努力……我欣喜地看到他们从毛毛虫变成破茧而出的美丽的蝴蝶。

一名心理咨询师要做的,就是在来访者人生最黑暗的时候,带领他们看见爱、希望和力量,看见自己的价值,看见自己正在闪闪发光。生命是有着伟大的智慧的,也许点亮一点点的星光,就足以带领他们走出灵魂的黑暗。

伟大的诗人鲁米写过这样一句话:"你生而有翼,为何竟愿一生匍匐前行?"别被痛苦和恐惧困住。穿越它,洞悉它,让它成为你人生的助力和垫脚石,指引你过上真正美好的生活。

痛苦是为了唤醒我们沉睡的生命,痛苦是光照进来的地方。

第五章

绽放：
财富跃迁，增值无限

胭脂王

DISC+讲师认证项目A16期毕业生
独立投资人
投资社群"胭脂王和朋友们"主理人
公众号"胭脂王和朋友们"作者

扫码加好友

胭脂王 BESTdisc 行为特征分析报告
D 型
0级 无压力 行为风格差异等级

DISC+社群合集

报告日期：2022年09月06日
测评用时：02分47秒（建议用时：8分钟）

BESTdisc曲线

自然状态下的胭脂王
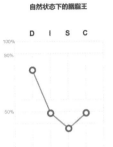

工作场景中的胭脂王
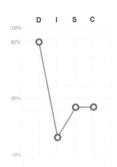

胭脂王在压力下的行为变化

D-Dominance(掌控支配型)　　I-Influence(社交影响型)　　S-Steadiness(稳健支持型)　　C-Compliance(谨慎分析型)

　　胭脂王直率坦荡，自信坚定，是一个强势的开拓者。他拥有较强的目标感和使命感，竞争和挑战在一定程度上可以激励他不断攻坚克难、闯关登顶。他头脑灵活，反应迅速，通常可以通过创新的想法、坚定的意志，高效取得预期的目标成果。

第五章　绽放：财富跃迁，增值无限

游牧民逐水草而居

财富翻番,命运翻盘,有时候不过源自一次不经意的好奇。

世界会在一瞬间彻底改变。原本静静流淌的小溪,会忽然间汇入大海。就像我不经意间的好奇,开启了一扇大门,从此我由一个农耕者变成了游猎者,在市场的丛林中搏杀。

普通人也有不普通的梦

8年前的我,上完普普通通的大学,遵循家里的意见考上公务员,擦线过了司法考试,本以为自己会就此过完平淡而普通的一生。

然而,事情的转变有时候就只是由一句话引发。

2014年的某一天晚上,我在微信群里闲聊时,看到有一位网友忽然说,"我最近搞套利狠狠赚了一笔",大部分人都在要他发红包,而我在抢到红包之后,又给他发了一个红包回去,并问他:"能告诉我怎么赚的吗?"

没想到,这一问打开了我通往财富的大门。这位网友详细地讲了他关于分级基金的操作,我才知道,原来除了炒股,证券市场还有这么多有意思的衍生品种。分级基金作为一种投资衍生品,虽然已经有很多年的历史了,但一直没有进入大众视野,只有一小撮人,默默地通过它以低风险赚得了高收益。

老实说,在此之前我也不是没有过证券投资的经历,但那是失败的经历。我刚上班的时候,妈妈给了我 2 万元炒股。初衷并不指望我能够赚多少钱,更多的是希望我和单位的同事有一些共同话题,而当时炒股正是一个好话题。于是,我很不孝地花了 3 年时间,把这 2 万元亏得只剩 8000 元。

这段投资血泪史,给我留下的不是阴影,而是逆袭的冲劲。在这位网友的引荐下,我很快地开始接触低风险金融套利,也有幸认识了 david 自由之路、安道全、微光破晓、持有封基等低风险金融套利领域的名人,我也暗暗给自己打气:"或许有一天我也能在低风险金融套利领域做出一番成就。"

幸运的是,我在 2015 年杠杆牛之前进入了低风险套利这个领域。当时市面上关于分级基金的书籍非常少,哪怕只是一些论坛上的帖子,我都如饥似渴地全部看完,并开始尝试输出自己的看法。一方面得益于贵人引路,一方面也因为自己足够努力,我获得了一个机会,成为一个互联网理财机构的兼职运营。

我兴奋地和父母分享着有关低风险投资的一切,作为老股民,父母似乎很难接受一个天天亏钱的小孩,居然开始卖弄一些他们听不懂的知识。

我也逐渐意识到,我的家乡没有类似的交流土壤,我需要去更大的城市。这就需要我辞职,我尝试和父母说了几次,他们不仅果断反对我辞职,还让我放弃低风险套利。那段时间,家庭关系一度有些紧张。

这时,恰逢带我入门的前辈发行了自己的私募产品,他告诉我:"你别把他们当你的父母,把他们当你的客户,你如何让客户信服?无非就是说给他们听,然后做给他们看。"

我开始慢慢尝试,不断把自己赚钱的结果和父母分享,逐渐地,父母也开始尝试在我的指导下进行一些低风险套利。

在杠杆牛的末期,我再次提出辞职的想法,没想到又遭到父母的反对。

直到我发现了一个绝佳的套利机会。一天,由于流动性缺失,很多杠杆交易者被迫斩仓,甚至连一些没有建仓的基金都出现了 10% 的下跌。就像 100 元面值的纸币,现在只要 90 元就可以买到了,甚至有一些只要 75 元就可以买到,买不买呢?

我敏锐地感觉到,这是一个非常安全的可以重仓的机会。我专门请假回家,和父亲商量,我坚定认为应该投入家里的全部现金。我甚至告诉父亲,我愿意押上我的未来,如果这次失败了,我再也不谈辞职的事情,安心地做一个普通人。

或许是我押上人生的气魄打动了父亲,他告诉我,家里最多就投 200 万元,收益五五分,如果亏了,我要承担全部损失。那是我第一次尝试承担责任,也是我第一次以一个成年人的方式和父亲对话。

我是认真的,他也是认真的。

一周以后,这笔套利交易赚到了约 50 万元人民币,我也正式向单位打报告申请辞职。

一个多月后,我离开家乡,坐上前往上海的飞机。在离开家乡的那个下午,父亲多给了我 3 万元,他嘱咐我:"在外面要好好照顾自己,多给家里打电话,不要倔强,不要和人起争执……"

父亲的反复叮嘱,让我感受到了他心里的担忧。我为不能承欢二老膝下、对不起二老内疚,但我还是踏上了征途。

那一刻,我相信我是不普通的。

闯荡上海,为一个不普通的人生

到了上海之后,我先是在一个财商培训机构兼职,负责联系老师和相关的运营事宜,希望通过这种方式能够认识更多的高手,提升自己的投资套利技巧。

这家培训机构主打的培训项目是"普通人如何理财",既包含投资课程,也有后续我联系开发的基金定投课程。那段时间,我虽然入职了期待的领域,但苦闷时常困扰着我。

直到有一天,我忽然看到了一句话"燕雀安知鸿鹄之志哉",才豁然开朗。如果我只是想要做一个普通人,为什么要辞去让人羡慕的公职,在父母的眼泪中背井离乡来到上海呢?我是为了追求财富,追求不普通的人生才选择闯荡上海滩的。

我不想也不需要去研究"普通人如何理财"这个课题,通过金融市场发财致富才是我的目标,于是,我果断辞去了财商培训机构的工作,成为一名自由职业者。

辞职以后,我并没有立刻迎来自己的春天,因为那时的我其实还没有完全想好如何赚钱。在漫长的灰暗岁月中,我无数次后悔自己的冲动,无数次在深夜梦回时想回到曾经现世安稳的时光,我甚至不止一次深夜在小区里面乱逛,问自己:"我怎么会变成现在这样?"

为了维持生计,我到处找各种各样的套利机会,我曾经做过一单49元的知乎推广,也做过每日优鲜地推,攒了好多柠檬茶。那时候,我为了生活,真的做了很多乱七八糟的事情。

转机终于在2017年到来。那一年,腾讯因为王者荣耀受负面舆论影响股价下跌,我判断这是一个非常好的买入机会。由于当时没有多少钱,我选择上了很大的杠杆,通过涡轮(选择权)的方式买入。我也将看到的机会和身边的一些朋友分享,一个要好的朋友开通了富途账户,跟着我买了几万元。果然,2017年7—10月腾讯股价大涨,我大赚了一笔。

我看准的另外一个机会是港股打新。当时,港股新股更偏向于分配给散户,因此如果有足够多的账户,是非常赚钱的。我和朋友简单聊了一下想法,没想到他听完我的介绍之后,马上拖着亲戚朋友开通了40个港股账户,入金2万元港币,交给我打理。

对我来说,这是莫大的信任,我也没有辜负这份信任,在后续几年为他赚回接近4倍的回报。

做一个独立投资人,有时候很孤独,于是,我开通了公众号,输出自己的想法,看的人越来越多,我突发奇想:会不会有人愿意为我付费呢?

让我没想到的是,我发了一条朋友圈,我这样写道:"有人愿意付99元加入我的知识星球吗?我可以每天分享一些想法。"竟然一夜间吸引了一百多人付费。从此,我的知识付费社群开始启航。

为了运营好社群,带给大家更大的价值,我认真做规划,不间断地分享。就这样,伴随着知名度的提升,社群入群费用也水涨船高,从99元涨到了2099元,很多早期用户开玩笑说"赚到了,赚到了"。

古人说,达则兼善天下,就是说一个人有所成就,也不要忘记去影响他人。而影响他人最好的方式,无非是告诉大家,我做到了,你们也能做到,在不断带领人做到的过程中,让所有人都相信"我能行"。

社群里,有一个叫畅戈的女孩子,考到上海读研,问能不能见我一面,我当时刚好没啥事,就答应了。

见面后,发现她对于港股打新懵懵懂懂的,她问了我很多很基础的问题,我也一点一点耐心指导她突破诸多程序性门槛。终于,她花了很长时间克服了这些困难,从一点点生活费开始投入,在一年多时间里就用2万元赚到了十几万元。

每个人都不普通

在投资的各个阶段,其实都不是一帆风顺的,鸡蛋不能放在同一个篮子里,打好组合拳也很重要。因此,除了金融套利,我也重新捡起了可转债投资。

在 2018 年市场行情不好的时候,我发现了新的机遇。由于政策原因,可转债接替定向增发成为上市公司二次募资的重要渠道,我隐隐约约感觉,这个领域即将爆发,是未来的方向。我报名了人生中的贵人——阳志平老师开设的信息分析课程,我因此有机会沉下心来做研究。

机会在 2019 年出现,家里有位长辈退休,他有一笔钱想拿来投资,但是被 A 股伤透了心,知道我在这个领域有所成就,就问我有没有稳健的操作方式。我立刻告诉他,可转债是最适合他的方式,于是他就把这笔钱交给我管理。结果,你们应该可以想到,至今这笔钱已经涨了 145%。

2021 年年初的时候,可转债两个月下跌了 18%,我专门飞回了老家,面对面地告诉家人,这又是一次可以重仓的机会。这一次,父亲没有再拒绝我,而 3 个月后,他获得了 25% 的收益率。

这一幕,让我想起了数年前和父亲打赌的那个下午,数年前,我只是在赌,2021 年,我坚信我能赢。

现在回想起来,人生有趣之处正在于随机。我赚到了几年前不敢想的财富,也帮助亲朋好友们增长财富,甚至通过互联网影响了更多人。今天,"胭脂王和朋友们"成长为一个 2000 人的付费社群,帮助一大批人跨越了半个财富台阶。很多人甚至说,因为我而改变了自己的命运。这一切,都源自那一次不经意的好奇心。

如果你和当年的我一样有对赚取财富的好奇心,不妨也像我一样,给我发个消息问一声:"能告诉我怎么赚的吗?"或许你人生的后半场,也将从此改写。不信?来试试看。

宋雅玮

DISC+讲师认证项目A15期毕业生
联盟云店平台创始人
MIDBEST品牌创始人
DISC+社群联合创始人

扫码加好友

宋雅玮 BESTdisc 行为特征分析报告
SC 型
1级　私人压力　行为风格差异等级

DISC+社群合集

报告日期：2022年10月13日
测评用时：05分03秒 (建议用时：8分钟)

BESTdisc曲线

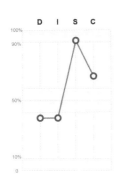
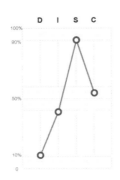

D-Dominance(掌控支配型)　　I-Influence(社交影响型)　　S-Steadiness(稳健支持型)　　C-Compliance(谨慎分析型)

　　宋雅玮沉静含蓄，细致周到，耐心宽容。大多数情况下，她倾向于运用逻辑去了解问题、分析问题，会依赖事实、方针、程序和规章制度来制订决策，推进目标，是值得信赖的协调者、支持者。对于她来说，一个和谐友好的团队，一个严谨有序的工作环境，更有助于发挥她的优势特长。

我的电商逆袭故事

风口期平息，红利期过去，成就头部电商也有底层逻辑！

我是雅玮，从一个爱画画的设计师小白领到后来成为一名电商创业者，从白手起家，到现在过着"左手热爱，右手财富"的理想生活，有很多幸运和感恩，也有很多心酸。

曾经，我和很多宝妈一样，生活按部就班。大学四年毕业，结婚生子，入职一家业内排名第一的上市公司市场部，负责设计方面的工作。扣除五险一金后工资不多，但日子倒是轻松简单，这样的日子超级符合父母对我的预期，可是于我来讲，一眼望到头的日子真的是在透支生命，于是我背着父母，下定决心辞职创业。

从2008年开第一家淘宝店至今，我在电商这个行业行走了14年。电商发展很快，充满变数和机遇。这14年，我很幸运，在这个经济繁荣的时代成为新一代尝试在网上做生意的人，遇到了电子商务网络发展的一个黄金时段。

淘宝创业赚到第一桶金

电商创业这些年，我有过很多幸运的经历。

2008年,是淘宝的红利期。那时的阿里巴巴有着巨大的近乎垄断的平台流量,母婴产品尤其是进口中高端母婴产品的竞争不太激烈。在这个风口,只要你年轻,懂电脑和图片设计,就能真正做好淘宝店。

我凭着自己是美术学院毕业生的优势,一路不断地优化页面和产品图片,不断提升视觉策划质量,获得了巨大流量。

我非常清晰地记得,有一天,我上传完毕一张进口驱蚊手环的淘宝首图和直通车图片后,就急匆匆地去楼下吃了个驴肉火烧。就在我吃饭的几分钟内,订单不断迅速地涌入店铺,那个感觉就像中了彩票一样。第二天,全部员工就一起挤到库房去打包。那时候,我的团队从3人发展到30人,我们每半年就搬一次家,用一个又一个产品去抢占类目排名。

年轻就是资本,我每天都是激情满满的,只睡两三个小时,电脑就放在床头,叮咚声一响,立刻回复,哪怕是半夜了。门卫大爷见到我们就叫"淘宝大王"。

就这样,我和我的团队一路风生水起。供应商也开始主动联系我们提供优势产品,每一个双十一、双十二都像是过春节。刚过零点,几秒钟后营业额就能冲破七位数。

尽管创业初期一切都从零开始,每天都很累,但是整个团队拼搏、热血,充满了生命力。那真是值得怀念的一段时光。

现在回头想想,那个时候我自己真的是站在风口上的猪,我的成功并不是因为我有多优秀,多么有实力、经验。经历过风口期的人都懂,在风口期选择大于努力,机会来了要勤奋,要快速地抓住机会,要真心地热爱。我就是这样在风口期利用淘宝平台赚到了我的第一桶金!

失败就是最好的老师

2015—2017年,我最大的感悟是:在企业很顺的时候,一定要居安思危,切勿盲目扩张重资产。

  2017年,为了在源头上降低成本,增加可控性,我们投入了大量的物力财力,成立了注塑工厂,也申请了自有品牌的天猫旗舰店。可那时候的我,没看到市场一直在变化。产品飞速地更新迭代,北方地区整体供应链配套跟不上,再加上人的精力经验有限,我做得很累,自身最大的优势反而发挥不出来。这一次尝试以失败告终了。

  后来,我才醒悟,重资产和轻资产不同,重资产是不成功便成仁,只有轻资产才能允许多次试错。

  这段时间,我经历过误判闭店,一个订单都没有而无法支撑团队运转,几乎导致全员解散;经历过因为品牌方的见利忘义而导致流量危机、店铺危机;经历过膨胀开工厂而背负巨额债务……每一次危机,我都以为天要塌下来了,但每一次都挺过去了。其实,每次危机都帮助我弥补了自己过去的认知不足,平复了我那颗躁动的心。现在回头想想,每一次危机真的都是恩赐,我要感谢每一个竞争对手,让我成为现在平和、谦逊、不急不躁的样子。

顺应变化,顺势而为

  2018年初,阿里巴巴用户达到了峰值,用户流量开始分散,各个平台都在强势瓜分着流量,比如京东、拼多多、唯品会,更别提占用了用户大量时间的抖音和快手。直播对销售产生冲击巨大,我们也吸取了之前的教训,不把鸡蛋放在同一个篮子里,开始多元化发展,顺应变化,顺势而为。

  阿里巴巴是一个锻炼人的好地方,它不仅仅让我赚到了第一桶金,更重要的是教会了我电商思维,帮我打通了任督二脉,使我明白不管线上还是线下,**生意的本质都是相通的,一定是产品为王,服务至上!**

带着从阿里巴巴习得的电商思维和十多年从事母婴行业的经验和产品资源，我整合产品供应链，多渠道发展。几乎所有的微博头部大号都和我们保持着良好的合作关系，母婴QQ群的群主、各大母婴论坛运营者、母婴公众号运营者、母婴主播、母婴社群都成为我们的客户。我们用阿里巴巴的高标准来做供应链，服务这些新兴的电商用户，在圈内默默耕耘，越来越被大家认可和推荐，知名度越来越高。

电商唯一不变的，就是一直在变。红利期过去，真正考量商家实力的时期到来了，要想做得长远，就必须遵循做生意的底层逻辑，一定要敬畏产品，专注客户服务，保持热爱和感恩，找到并巩固自己真正的核心优势。一心想着引流爆单的做法，在任何一个类目，都行不通。

自运营联盟云店 APP 和小程序商城上线

随着公司粉丝量的增加，本着不忘初心、方得始终的理念，我们开发了自己的 APP 和小程序，用阿米巴的模式在全国设置了十个自营仓，认认真真地做产品。

公司现在已经和上千个母婴中高端品牌达成合作。在这个浮躁的时代，我们踏踏实实地做事情，站在粉丝角度去想问题，改进流程、细化产品、改进服务。我们的平台是自用省钱分享赚钱的亲民平台，提供保姆式服务，尽量多地解放宝妈的双手，给宝妈多一些时间休息或者带娃。

经过之前生意的起起落落，我在运营自己的平台时，真的是平心静气，不急不躁。现在，我们与供应商多年配合合作默契，团队成员之间，以及与合作伙伴之间磨合得非常好。我真正明白了，很多事情都是水到渠成，也真的是细水长流，你的所有努力，时间都会给你回报。

现在联盟云店已经成为母婴类目的顶端供应链平台,粉丝数量突破百万,而且增长态势也非常好。能够帮助在家带娃又想自己经济独立的宝妈,让我非常有成就感,因为,利他就是最好的利己。

今天,我很确定自己要做什么,方向在哪里,那就是希望可以帮助更多宝妈实现自我价值。未来 10 年,我确定我依然会在这个领域深耕,因为热爱!

不忘初心,方得始终

希望我自己的电商创业故事,我的经验和感悟,能对大家有那么一点启发和帮助。

我的经验和感悟如下:经历就是财富;做电商一定要站出来看问题,找准方向再下手,选择永远大于努力;多渠道发展,始终坚持轻资产;过得简单一点,保持热爱和感恩,不忘初心,方得始终!

我曾经对我的社群的老粉们说过,我有一个梦想,希望大家可以一路相伴,老了可以一起去团老花镜。这真是一个很美好的愿望!在一起快乐、优雅地老去的伙伴中,会有你吗?

澳门吴财爷

DISC+讲师认证项目A13期毕业生
境外理财顾问
DISC+社群联合创始人
家庭财经素养教练

扫码加好友

澳门吴财爷 **BESTdisc** 行为特征分析报告
IS 型

3级　工作压力　行为风格差异等级

 DISC+社群合集

报告日期：2022年10月13日
测评用时：05分47秒（建议用时：8分钟）

BESTdisc曲线

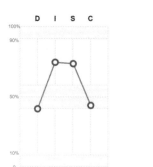
自然状态下的澳门吴财爷

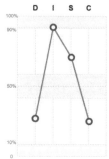
工作场景中的澳门吴财爷

澳门吴财爷在压力下的行为变化

D-Dominance(掌控支配型)　　I-Influence(社交影响型)　　S-Steadiness(稳健支持型)　　C-Compliance(谨慎分析型)

　　澳门吴财爷随和包容，时刻顾及他人的需要和感受。他具备很强的同理心，善于聆听别人的想法并做出回应，乐于协作，也愿意帮助别人。他内敛且善于深思，又健谈外向，富有想象力，认为生活充满很多可能性。灵活多变是他的重要特质，他会不断地创新，开展不同的任务，寻求不同的解决方案，与不同的人交流合作。

澳门风云，不变赤子初心

从赌场经理，到为过亿元资产保驾护航的境外保险代理人，赤子情怀终未改。

"你可知 Macao 不是我真姓，我离开你太久了，母亲……"这首《七子之歌》由近现代著名诗人闻一多在近百年前写成，它也成为关于澳门回归的经典歌曲。每次听到这首歌的时候，我总会热泪盈眶。

我是吴元钦，一名来自澳门的保险代理人，从"澳漂"到赌场经理，再到为 100 多个家庭的过亿元资产保驾护航的境外保险代理人，20 年一路走来，我最骄傲的莫过于那颗"历风云而恒天真"的赤子之心。

为梦转型，向美好生活进军

2000 年，16 岁的我跟随母亲从福建来到澳门定居，成为"澳漂"中的一员。那时候，澳门刚回归，很多地方跟内地不一样。

首先遇到的挑战是语言问题，澳门主要使用的语言包括粤语、英语和葡萄牙语，为了更好融入社会，我不得不开始恶补粤语和英语。澳门高昂的学费(一学期9000元人民币)是内地的20倍,这更让本就不富裕的家境雪上加霜,我不得不开启了半工半读的生活。甚至我在顺利考上了大学后,也因为家庭经济原因,不得不放弃。

当时,我想既然学业举步维艰,那我就努力通过工作站稳脚跟。

2001年随着澳门立法会通过"博彩法",几家美资公司进入澳门博彩业,揭开了澳门博彩业的"黄金十五年",这个小城一下子成了国际休闲度假都市。

博彩业带动了当地就业,我跟很多年轻人一样,进入了高薪的赌场工作,从一名荷官不断成长为赌场经理,从业15载先后完成结婚生子、买房买车、读大学的人生目标,可算小有所成。

但在34岁时,我陷入了深深的迷茫。博彩业拼的就是体力,几乎可以说是属于年轻人的行业。单身时,觉得钱够用就好,可有了一双儿女后,我发现这个工作不仅使我无法陪伴孩子成长,更无法为家庭创造更优渥的经济环境。

如何突破这个困境成了我日思夜想的问题。

直到无意间,我看到了一组数据,数据显示越来越多内地中等收入家庭来到澳门买保险,而赌场工作更让我亲身感受到越来越多的中等收入人士涌入澳门观光消费。我预感到,境外资产配置将成为一片蓝海,大有可为。

于是,2018年,在家人的支持下,我顶住中年转型的风险,毅然决然从红极一时的赌场经理转身,开启境外金融保险经纪人的人生新航道。

为梦转型的赤子之心,就是为家人创造更美好的生活。

因爱成交,为100多个家庭的过亿元资产保驾护航

人同此心,心同此理。

如果说换赛道的赤子之心，是源自对自己家庭的爱，那我成为境外保险代理，不正是在为千千万万客户对家庭的爱服务吗？

距离我成为保险经纪人已经4年多了，我也见过了许多客户资产的膨胀，现在的我更加认可一个理念：**不要因为恐惧而乱买保险，更不要因为偏见而拒绝保险。**

本着这个理念，我始终为客户争取利益最大化。

比如，作为小区业主委员会主席，我经常会因为小区安保、绿化、保洁等问题跟开发商打交道。机缘巧合之下，在一次和开发商总经理兰姐（化名）闲聊时，我得知她居然一份保险都没有买过，处于风险"裸奔状态"，我原以为照她的经济实力，肯定配置过充足的保险。

凭借着职业本能，我觉得她需要一个保护伞。兰姐50多岁，依然奋斗在职场，她精力充沛，雷厉风行，经济实力优渥，但万一哪一天从高位退下来，抗风险力还是不足。

兰姐是高D风格，掌控力强，信自己不信他人，我从为她负责的角度，循循善诱地帮她逐一梳理完她的个人和家庭情况后，她终于同意买一份"医疗险"。

可是，兰姐体检出患了糖尿病，这将使保单价格翻倍，她迟疑了。老实说，"医疗险"属于低提成+理赔复杂烦琐的险种，如果客户犹豫，经纪人就吃力不讨好。

但是，在我心里，我做保险经纪人不只是为了赚钱，更重要的是为我遇见的每个个人和家庭负责。于是，我与公司来回周旋，尽最大努力压低保单价格，帮她成功配置了"医疗险"。

令我没想到的是，我对客户的极端负责和认真劲打动了她，她不仅自己买了保险，还将全家人的保险都交给我来打理。

在我的经纪人从业经历里，这样的故事还有很多。每当客户遇到保费提升，我都不遗余力地帮大家砍价，保障他们的权益；每当客户有困难需要我，只要一通电话，哪怕凌晨，我也会出现在他们身边。同事和家人常笑话我，"你这是把自己都卖给了客户啊"。

因为这样的全心全意，我在业内拥有了极好的口碑，我的业务有60%都是老客户转介绍的。

保险在关键时刻的利好远远超过大众的认知，所以不要因为偏见而放弃这一层保护。我的小儿子在2岁时得了罕见的儿童"川崎病"，住院10天花掉8万元，幸亏我提前给他配置了重疾险和医疗险，可以得到100%赔偿，使得我们可以用最好的药，找最好的医生。

我曾经在赌场经常见到有人一夜赚得盆满钵满，但马上就挥霍无度，最后反而比之前还要贫穷。我想，如果他们能用其中的5%用于配置合理险种，是不是就会避免之后人生的断崖式悲剧？

4年来，我已经为超过100个家庭服务，服务保单金额累计超过1亿元，获得了全球金融业界百万圆桌会会员、GAMA管理卓越奖等众多行业奖项。

从赌场经理转行成为保险代理人，我最大的感受是找到了更强的使命感，不仅为自己，也为他人守护更多家庭的幸福。

因爱成交的赤子之心，已由从当初为家人创造更美好的生活，扩展到为万家灯火保驾护航。

不断成长，做大湾区的桥梁

疫情来袭，以博彩业和旅游业为主的澳门本地经济萎靡不振，而与之相对的是大湾区经济、文化各领域交流日渐频繁，区域联动效应显现。只服务澳门本土，力量毕竟有限，为了创造更高的价值，我开始将事业的重点转移到为更多内地家庭服务，帮助大家合理用好跨境服务。

比如，因为一些历史及地域原因，港澳保险和内地保险有不同之处：

第一,港澳保险有分红,保额可逐年递增,如常见的重疾险,能抵御部分通货膨胀;

第二,港澳保单是主要以美元结算,可以有效对冲只有单一人民币配置的风险;

第三,保费相对便宜,同等保额的重疾险和寿险,港澳保费比内地更便宜;

第四,疾病定义宽松,港澳保险实行严进宽出政策,只要前期如实申报健康情况,后期理赔按照对应条款即可获赔。

也正因为港澳保险不仅能起到保障作用,还可以作为资产保值增值的手段,越来越多的内地中等收入家庭开始关注并购买。据相关报道:2022上半年,内地访客赴澳投保39亿澳门元,同比翻倍。

但很多人因为没有做功课,盲目投保,落得人财两失,听着他们的故事,我感同身受,也替他们心痛。作为一个在澳门生活了22年的内地人,我扪心自问,我懂内地、懂澳门、懂保险,难道不应该用己所长帮助更多家庭吗?

于是,我主动走出舒适区,不断往返内地和澳门,我开启了疯狂的学习、实践、成长之旅:

为了将保险服务升级为财富管理,我先后考取了高难度的国际高级认证财务师(RFC)、厦门大学认证财富规划师;

为了更好地服务不同类型的客户,找到大家深层次的需求,我来到DISC+授权讲师班,有幸认识了人生的贵人李海峰老师,成为DISC+社群联合创始人;

为了把我的个人成长和守护财富的经验传播给更多人,我在李海峰老师和DISC+社群家人们的影响下,开启了自媒体视频号"澳门吴财爷",在分享港澳保险、大湾区风土人情的同时,积累了不少粉丝,也帮澳门不愿主动拥抱世界的年轻人打开一扇窗。

我通过分享,让很多人知道了,对中等收入家庭而言,正确的理财金字塔分为4层:最底层是安全保障,涵盖医疗保险和个人保障;第二层是基本开支理财,如现金、活期及定期存款;第三层是精明型风险投资,如债券、股票及基金；第四层则是投机品，如金融衍生产品和房屋炒卖。

通过交流，很多朋友走近我，我也不断致力于让港澳保险为更多内地中等收入家庭保驾护航。

我把自己当作一道无形的桥梁，帮助越来越多的内地人了解澳门、了解澳门文化、了解港澳保险。

这两年疯狂学习，开启自媒体赛道的我依然保持着一颗赤子之心，通过自身不断成长，拥抱大湾区，架起两地交流的桥梁。我也期待着这样的自己，有朝一日成为澳门青年的榜样。

这就是我的故事，从一个家境贫寒的"澳漂"穷小子到口碑颇佳的境外保险代理人。这或许就是为什么我每次听到《七子之歌》都无比感动的原因——赤子之心的共鸣。

赤子之心，是真诚给予，是强大自身，是为爱发声，是服务众生。

如今，38 岁的我愿意以保险为此生道场，不断修炼自身，因爱成交，为更多内地家庭提供合适的境外保险业务，成为澳门人的榜样。

逆风飞翔：借势成长突围

彤管家

DISC+讲师认证项目A16期毕业生
私人财富规划师
颂钵心理疗愈师
DISC+社群联合创始人

扫码加好友

彤管家 BESTdisc 行为特征分析报告

IS 型

4级　工作压力　行为风格差异等级

DISC+社群合集

报告日期：2022年09月01日
测评用时：09分54秒（建议用时：8分钟）

BESTdisc曲线

自然状态下的彤管家　　工作场景中的彤管家　　彤管家在压力下的行为变化

D-Dominance(掌控支配型)　　I-Influence(社交影响型)　　S-Steadiness(稳健支持型)　　C-Compliance(谨慎分析型)

彤管家天性友好、乐观、散发出热情和动力、适应性强，能坦然接受变化，是极具个人魅力的个体。她热情的天性加上灵活的沟通方式，通常能够使别人敞开心扉和投入参与。工作时，她充满热忱，能灵活地调整步调，并且敏锐察觉到不同的挑战并做出相应的改变。即使是以前从未做过的事情，她也非常愿意冒险尝试，是勇敢的开拓者。

"北漂"20年,我在努力奔跑和为他人"撑伞"

贫寒、辍学、"北漂"……因为爱,我选择一路逆袭,带更多人穿越风雨!

今年,我到北京整整20年了。从当初几乎身无分文,到如今买房买车,我的人生发生了大翻转。我曾经看过一句话,让我印象深刻:"没有伞的孩子,就要学会努力奔跑。"如今我用自己的人生为后半句加了注脚:"奔跑是为了能为别人撑伞。"

少年时代:因为没钱而羞愧,却从父母身上学会了爱

"80后"的我出生在交通闭塞的四川大凉山山区。

我的父亲外出打工,母亲是家庭主妇,我们跟村子里的大多数家庭一样,吃不饱,穿不暖。那个时候,一年到头也就穿一件衣服,我最大的心愿就是过年的时候能买一双新鞋。

上中学时,我一个月就只有20元生活费,去食堂打饭就只敢打最便宜的5毛钱的素菜,甚至为了省钱,还要经常带上米饭去学校食堂蒸饭。但偏

偏老师会因为在校表现等原因罚学生的款,一次罚 2～5 元不等,时不时被罚款,对原本生活费就少的我来说,无疑是雪上加霜。

因宿舍资源紧张,我被分到了高年级宿舍,没有同龄的熟悉的同学,学业一般,家境贫寒,更让正值青春期的我特别敏感自卑。

贫寒的家境没有给我富裕的生活,但我却从父母身上学会了比钱更重要的东西。我的父母是他们的兄弟姐妹中最孝顺的,爷爷脑出血瘫痪在床期间,他们端药送汤,翻身擦洗,忙前忙后,悉心照料。爷爷两年后去世,我们家分得的物产最少,可我忠厚的父母毫无怨言。

从父母身上传承到的善良和爱,成为我人生的关键词。

"北漂"初期:闯荡北京,靠知识改变命运

因为家境以及内心敏感脆弱,我中学没毕业就辍学了。2001 年,就在北京申奥成功的那一年,亲戚带着我来北京闯荡。

我记得特别清楚,那时正值春节前后,我们一路从四川攀枝花坐着绿皮火车来到北京。一到北京,发现这里冬天特别寒冷,室外甚至低至零下 10 摄氏度。

看着别人都裹着厚厚的大衣,我衣衫单薄,上身只穿薄衫外套,下身穿着一条牛仔裤,但尴尬的是拿不出买大衣、毛裤的钱。

刚到北京、没有学历的我,只能从服务员做起,生活时常捉襟见肘,靠馒头和咸菜勉强糊口。尽管这样,我也没有放弃学习,因为我知道摆脱贫困,还得靠知识。

就这样,靠卖易拉罐以及攒下的工资,我花 3000 元学习计算机,利用上班间隙自考本科,报考了北京语言大学。

中国有句古话:"自助者,天助之。"或许因为我内心中的单纯、厚道,我得到了很多贵人的帮助。

知道我高数不好,数学老师就一遍遍耐心教导,每讲完一个知识点,就问我:"芊彤,你会了吗?"看我一脸茫然的样子,他一只手捂着腹部一只手擦掉黑板,重新再讲一遍,直到把我教会。跟我合租的两位热心的本科生哥哥,也会主动给我讲解数学作业。在他们的帮助下,我顺利考上本科,迈出了改变命运的第一步。

"北漂"小成:进入保险行业,以专业服务为做事出发点

学历提升后,我的工作进展愈发顺利,我慢慢在北京落地生根。

因为从小就有当老板的梦想,我开始做生意,先开了一家个体厨房家居用品店,后来还开了商贸公司。可正当生意蒸蒸日上之时,父亲却患上了重病,因为没有给年迈的父母买过保险,这一次意外,就几乎掏空了我这些年赚到的所有钱。

这次突如其来的变故,让我不仅认识到保险的重要,更认识到一位专业靠谱的保险经纪人有多重要。好的保险经纪人,会对你全家负责,而不只是简单完成眼前这一单。

因此,我转行成为保险代理人,开始致力于为高净值人群提供家庭资产配置、子女教育、医疗保障、养老筹划等保险、银行、证券一站式综合金融服务。

我希望利用专业知识来为更多家庭保驾护航,帮助这些家庭摆脱因一场大病便陷入困顿的局面。

在服务客户时，我时刻怀着善意做事，把客户当作朋友、家人，替他们思考未来可能遇到的各种问题。

2022年8月的一个早上，我的微信里突然出现了一条陌生的客户发来的信息，咨询我一些保险配置相关业务。

看着"李青山"（化名），我一愣，半天才反应过来。这是多年前我刚入行时加过的一位客户，这些年几乎没有任何联系。

尽管不知道他有什么明确需求，但我还是抱着"助人者，人恒助之"的想法，与他约定面谈。第一次见面，我看着他表情严肃，凭着职业敏感度，我一下子判断他是一位C型风格（谨慎型）客户，会从专业、风险等多个角度提出很多问题。

详细了解了他的家庭情况和资产情况后，我针对性为他提供了几份保险业务做参考。紧接着，他像机关枪一样连续向我问了好几个专业问题，犀利而不留情面，好在我对待工作的专业让我顶住了压力，沉着冷静地逐一耐心回答他的问题。

看着他的眉头逐渐舒展，表情逐渐放松，我知道我得到了他的认可，但就在签单之际，我们又有了分歧。从他的利益出发，有一个项目我坚持让他加上，而他觉得没有必要。这个项目对我来说，其实对销售奖金的影响微乎其微，甚至有些费力不讨好，但对于他的家庭成员的健康保障及财务风险，是非常必要的。

顶着"为了卖钱"的质疑，我一再坚持，动之以情，晓之以理，最终说服他加上了这个项目。

没想到，不久后，他得了急性阑尾炎，因为当时我坚持追加的这个项目，只用了一小时的理赔流程就帮他报销了近80%的治疗费用。

康复后，我们再次见面，当我为了庆祝他康复而准备埋单时，才发现还没开吃时，他就预埋单了。他感慨地对我说："我媳妇经常关注你的朋友圈，经常聊到你，我非常佩服你的吃苦耐劳，并时常用你的故事教育我的女儿。希望你以后升职了，也能继续服务我们，我一定会把你推荐给我身边有需求的朋友。"

从犹豫、迟疑的陌生人，到成为信任我的客户、朋友，他给了我很高评价——"专业、励志"。

2021年9月，我的母亲因脑肿瘤住院，也因为我提前为她配置的医疗险，节省了大笔费用，保单中附带的绿色医疗通道，更让她避免了抢床位的尴尬，让整个看诊就医过程轻便省力。

这次没有重蹈我父亲生病的覆辙，让我切身体会到保险的好处，对这份事业也更有信心了。

今年是我入行的第八年，8年间我累计服务了300多个中等收入家庭，也服务过很多企业客户，还促成了百亿元级资金及工程险项目。

在我看来，成交只是服务的开始，我对客户的交付服务远超保险本身。

客户家里有事需要帮忙的时候，我会主动去帮忙，如接送孩子、照看宠物。甚至有一次我穿越了大半个北京城，主动帮一位在我刚入行买过我车险的客户把保时捷开到40多公里以外的地方去验车。

2022年10月，我的工作室正式营业。我将在这里为我服务过的保险客户提供信息交流的平台，还为我的VIP客户提供一些高端服务，如冥想疗愈等。

我热爱保险事业，是因为它契合我笃信的价值观：**从爱出发，最大化帮助有需要的家庭，为在雨里淋湿的人撑伞。**

为了帮助更多人，我坚持日行一善，利用业余时间学习软实力课程提升自我，放学后主动送住在我家附近的同学回家，每月定期给慈善机构捐款，参与"捡到珍珠"慈善计划，捐助成绩优良的贫困生。

这种初心，助我在客户内形成良好口碑，我80%的客户是受我吸引和老客户转介绍的。

回想来北京这20年，我很庆幸自己走出大凉山，在北京扎根，从事着一份助人的保险工作，并得到了众多客户认可，更在生活中多多行善助人。

这就是我的故事。一个没有伞而拼命奔跑的女孩，愿意在别人需要之时为他撑起一把伞，用保险为他人托底护航。我期待未来给更多的人带去贴心、专业的保险服务。

贺珍珍

DISC+讲师认证项目A4期毕业生

寿险顾问

DISC+社群联合创始人

扫码加好友

贺珍珍 BESTdisc 行为特征分析报告

SC 型

1级　私人压力　行为风格差异等级

DISC+社群合集

报告日期：2022年10月19日
测评用时：13分38秒（建议用时：8分钟）

BESTdisc曲线

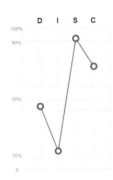

自然状态下的贺珍珍

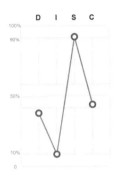

工作场景中的贺珍珍

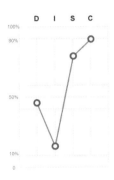

贺珍珍在压力下的行为变化

D-Dominance(掌控支配型)　　I-Influence(社交影响型)　　S-Steadiness(稳健支持型)　　C-Compliance(谨慎分析型)

　　贺珍珍友善热心，细致周到，她考虑大局又兼顾细节，善于采取切实可行的方式开展工作。大多数情况下，她倾向于通过分析形成计划，并坚定不移、有始有终地完成任务。她乐于认真聆听别人的想法，并做出回应，有较强的共情力，乐于为他人提供帮助和服务。

第五章　绽放：财富跃迁，增值无限

成就他人,圆满自己

保险从业10余年,回归起点再出发,用专业、诚信、爱为你保驾护航。

不是得到,就是学到,人无法被说服,只能被影响

人生是一场修行,那是一条需要自己体验的路,别人无法替代。

我出生在北方一个四面都是竹林的山村,那里就像传说里的世外桃源,环境闭塞,少有人烟。

不知道从什么时候开始,也不知道是什么原因,小时候的我不擅长和人打交道。妈妈总是说,路上见到熟人要打招呼。可是,我总想活在一个人的世界里,觉得多一事不如少一事,低头当没看见就好。

可是,内心却又对外界带着无限的渴望,逃避、不安和对外界的渴望在我的心里交织。或许正是因为从未停止的渴望,结婚后一次偶然的机会,我背井离乡来到北京,带着对未来的憧憬进入了保险行业。

梦想很丰满,现实很骨感,和所有的"北漂"一样,我执着倔强,宁愿在外面苦挨,也不愿意认输回到远方的家。如果人生注定要前行,那就在奔跑中去学会成长。

一点点地,我在服务客户时学习与人相处之道。

保险是一个需要频繁地与人打交道的行业,任何一个微不足道的小问题、小疏忽都会被无限放大,我经受现实打击,也以飞快的速度重拾信心并成长起来。

我的第一位客户,也是我的第一位贵人,他的一句"友邦是个大公司,可以考虑"给了我希望。与他长达 6 个月的约谈,成为我保险业务成长的开始,也成为我人生修行的起点。

我至今还记得和他第一次见面的场景。我们约在办公楼一楼的大堂见面,他为我买了一瓶绿茶,简单却用心,这个跟他学习到的简单贴心的习惯我一直延续至今。

而和他在办公室沟通细节时,我发现他在我走近时,向后退了一步,给彼此间留出了一段安全距离。这让我突然意识到,距离在人际关系中的微妙作用,适当的距离可以让彼此安心愉悦,沟通交流更加顺畅自然。

我一点点地学习,从细节开始不断完善服务。我的执着和认真赢得了客户的尊重和信任,他们不仅将自己的保险业务交付给我,还将公司的需求也委托给我,与我建立了长期的合作关系。我真切体会到人际交往是一门很深的学问,聪慧灵动、善于观察、善于学习就会避免走很多弯路。

我在向"大咖"学习时,自己也变得更好。

我一个人在外打拼学习,最幸运的是遇到了很多贵人,是他们让我变成更加优秀的自己。李海峰老师让我明白在孩子的教育中,言传身教胜过最好的说教,我心底里归家的想法越来越强烈;林伟贤老师用"烂草莓"帮助我从过往的困境中走出来;郭腾尹老师点醒我,人生最重要的是留下美好的回忆。

一种来自灵魂深处的渴望驱动着我,无论如何,要多跟家人在一起,共历坎坷,共克时艰,共享喜乐,共品苦甜,把这些美好的记忆留下来,把触动深深藏在心底,把最美的笑容留给他们。

生活不会辜负努力的人,当得知任职的公司将在我的家乡开设分公司的时候,我觉得自己太幸运了,再也不用在家人和事业中做选择。这一次,我不必与自己的内心斗争,从一个决定开始修正自我——回家。

当选择告别自己的执念之地——北京,我才真正开始与过往和解。我一步步积极实施回家流程,我选择向我的主管表达理解和感恩,将我最珍贵的客户资源和人脉转赠给他;选择到靠近爱人、家人的地方落脚,主动联络家人,密切感情;选择利用培训的契机,申请成为讲师,为新的机构做贡献,也密切联系当地的同事、同学,积极融入未来。

行动起来后,我看着身边越来越多的笑脸,才发现,原来世界万物都来自你的内心,带着真善美看世界,世界也会回报给你真善美。

为自己的人生谱写好故事

人总是不断在试错中成长,而人生就是不断在挫折中调整方向,就是在自我期待中找对驶往幸福母港的航向!

2011年12月初,我孤身一人前往北京,加入保险行业。经过一个月的培训,拿到展业证,开始从事人寿保险相关工作,一不小心就坚持了10多年。

命运就是关联,关联就是来源——保险10年,我收获满满。

保险行业不同于一般的行业,有极大的自由度,也需要高度的自律,可能以极低的业绩保留从业资格。没有提前做好蓝图规划,绝对是对自己生命的消耗。对于即将踏入保险行业的朋友来说,有三点至关重要。

第一,没有天生的客户源,只有待挖掘的潜力池。

我的三叔算是我保险行业的领路人,我刚入行时天真地以为自己"行业内有人",客户资源肯定不愁。工作后才知道,客户是需要自己开发的,资源全凭实力积累。

以前我觉得人情往来是麻烦事,宁愿自己待着也不想出去跟人交际,更何况自己初来乍到,对北京完全不熟。

没有市场,就开发陌生市场。热心的同事教我打印问卷,去拜访陌生客户。我带着问卷走进一个培训机构的办公室,我还没有开口说话,一位女士就怒气冲冲地朝我走来,很不客气地请我出去。我至今还记得她脸上嫌弃和不耐烦的表情,事后回忆我可能打断了人家的会议。一无所获的我回到公司,被主管叫过去汇报进展,还没开口,眼泪就先流下来了。

回首那段从一无所有到现在拥有大量客户的信任的经历,我明白了:对待事业就要一腔热血,一往无前,只有忍住失败的泪水,了解客户的真实需求,用可靠、真心和专业,才能赢得理解与尊重,把所有的厌弃变成热切期盼。

第二,灵活运用行业语言,说客户听得懂的"人话"。

一开始接触保险产品,主管讲的时候感觉很轻松,轮到自己时,就表达不出来那个意思。后来经过学习,我才知道这是语言体系的事,自己没有掌握行业语言,更无法灵活运用。

现在想来,那是一个很宝贵的自我打磨提升的阶段。我把同事当客户,一遍遍向对方介绍保险产品,如果对方不能用自己的话转述出来,就说明我的讲解不过关。

保险业也属于服务行业,通俗易懂才能方便传播。保险产品种类多,条款多,每个季度都会推出新产品。好的保险销售会自己挑选配件组装最具威力的销售武器。除了产品基础信息介绍外,保险销售必须开展精准营销,以有效促进成交。

第三,怀揣执着的梦想,坚定前行终有收获。

无论是在北京还是在家乡,我都在同一行业、同一公司努力前行,因为在这里我有收获、有提升、有希望。

从事普通行业的人通常有底薪+奖金,还有五险一金……但从事保险行业的却没有。它是一个创业平台,类似于加盟商模式,在这里你可以有无限的想象空间。你有充分的自主性,你就是自己的老板,做什么、怎么做,完全自己说了算;你拥有弹性的工作时间,工作状态不会一直紧绷僵化,可以自主掌控节奏,实施工作计划;你也可以获得个人成就感,因为你的努力,更多人做好了人生的 B 计划;你也有机会接触到优秀的人,看到榜样,成为榜样,做自己的贵人,成为别人的贵人。

来源就是起点,起点也是终点——新的开始,新的未来。

追求什么样的愿景,就能找到什么样的资源,就能发展什么样的人脉。欲求诸外就要反求自身,物以类聚,人以群分,从自身出发,从心出发,从起点出发,就能得到,就能实现愿景!

因此,我为团队取名"鼎新",易经中的鼎卦,木上有火,"鼎"寓意燃烧自己,照亮未来,给有需求又信任我的人以帮助和希望;"新"让处在困境中的、聚集过来的、寻求帮助的人重新获得新生和梦想。

鼎有三足,代表团队氛围和服务内容:和谐友爱,财商教育,保险理财。"鼎新"预示着开拓创新保险事业,描绘人生规划,实现财富心灵新高度,不断踏上新起点,开拓新的未来!

未来,我希望带领团队,积累两种财富——口袋里的钱和脑袋里的钱,并传承给下一代,助力更多人实现财务和心灵的自由。

家庭如何规划保险

财富之路,又要如何前行?莫过于让自己正确认识保险。

在介绍业务时,我经常听到这样的问题:"你给我讲讲你们都有什么产品,我看看合适不合适。"老实说,很多人对保险心生排斥,或许因为过去保险业鱼龙混杂,很多人对保险留下了不好的印象,所以对保险存在先天的不信任。

但其实,只要正确掌握利用保险,它可以有力地为我们的家庭和财富保驾护航。

这里不妨问自己三个问题：

第一个问题，我为什么要买保险？

每一个人都不是孤立的个体，都有家庭，有朋友，有自己关心的人，还有自己的梦想。

风险会打乱我们的计划，有可能让我们面临困境，甚至陷入绝境，而保险可以集合整个社会的力量，协助我们渡过难关，继续前行。

第二个问题，为什么要现在买保险？

风险是不可控的，我们不知道它在什么时间、在什么地点、以什么样的方式呈现，会带来什么样的后果，会产生多大的损失。我有很多客户，在我极力推荐时出于信任和情感购买了保险业务，最后才发现，保险成为避免家庭重大损失的救命稻草，既欣喜又后怕。所以，我们都需要未雨绸缪，增强家庭抗风险能力，合理配置保险，不给人生留下遗憾。

第三个问题，我为什么要向你买保险？

购买保险的最终体现就是签订一份合同。你能认识合同上的每一个字，但把这些密密麻麻的条款汇总到一起，你可能就不知道它说了什么。

因为它里面有你可能不懂的法律语言、医学语言、合同语言、保险语言等，因此你需要专业人士，用通俗的语言为你解释，便于你理解。我将以第三方的视角，站在你的角度多考虑问题，可以很好地梳理出你和家庭的需求，并为你推荐适合的保险产品。

保险是一辈子的事，一定要选一个能够谈得来的保险人长期交往，这样沟通方便省心。

三个问题过后，相信你应该有了对于保险的正确认知。

我们不必成为药剂师，不需要知道药物成分、制作方法，只要找到可以治病的良药；我们也不需要成为精算师，术业有专攻，把专业的事交给专业的人去做；买保险也一样。

我是贺珍珍，我在这里，用专业、诚信和爱，为你执着守护。